NEUE GRUNDLAGEN UND ANWENDUNGEN DER VEKTORRECHNUNG

EINE ANLEITUNG ZUM ZAHLENRECHNEN MIT VEKTOREN (INSBESONDERE FÜR GEODÄTEN, BAU-, MASCHINEN- UND ELEKTRO-INGENIEURE) NEBST EINFACHEN VEKTORLÖSUNGEN FÜR DIE HAUPTAUFGABEN DER TECHNISCHEN PRAXIS

VON

K. FRIEDRICH
OBERSTLEUTNANT UND KOMMANDEUR DER PIONIERSCHULE

MÜNCHEN UND BERLIN 1921
DRUCK UND VERLAG VON R. OLDENBOURG

Vorwort.

Diese kleine Schrift ist in erster Linie bestimmt für die Ingenieure (Bau-, Maschinen- und Elektroingenieure). Vgl. hierzu im besonderen die Anwendungen auf die vektorielle Statik, Kinematik und Elektrotechnik, sowie § 34.

Ferner wendet sich die Schrift an die Geodäten. Vgl. die Vektorlösungen für den Vorwärtsabschnitt, Rückwärtseinschnitt und die Hansensche Aufgabe, vor allem auch die Ausdehnung der Vektorrechnung auf die Methode der kleinsten Quadrate, das vektorielle Grundgesetz der Netzausgleichung und die besonders vorteilhafte vektorielle Ausgleichung von Punkten, Netzen und Polygonzügen, sowie die vektorielle Auflösung der linearen Gleichungen.

Aber auch der Mathematiker und Physiker an sich wird, wie ich hoffe, einiges Beachtenswerte finden. So z. B. eine neue Auflösung der Gleichungen 5. Grades, die vektorielle Auflösung höherer Gleichungen durch Annäherung, die Sätze über die Hyperbelvektoren und Vektorkoordinaten, die neue Exponentialdarstellung der räumlichen Vektoren, den vektoriellen Momentensatz der Ebene und die Lehre von der Kraftmitte und dem vektoriellen Trägheitsmoment.

Die umfassende Bedeutung der Vektorrechnung bringt es mit sich, daß auch die Sondergebiete der Nautik, Aeronautik, Photogrammetrie, Astronomie, Optik und Ballistik (§ 26) an den Ausführungen dieser Schrift interessiert sind.

München, April 1921.

Der Verfasser.

Inhaltsverzeichnis.

I. Abschnitt.

Die ebenen Vektoren.

II. Abschnitt.

Anwendungen auf Algebra und Analysis.

III. Abschnitt.

Die räumlichen Vektoren.

IV. Abschnitt.

Vektorielle Statik, Kinematik und Elektrotechnik.

V. Abschnitt.

Vektorielle Geodäsie.

I. Abschnitt.

Die ebenen Vektoren.

§ 1. Allgemeines.

Die Vektorrechnung ist das Rechenverfahren der Zukunft; aber nicht einer fernliegenden, sondern einer Zukunft, die unmittelbar bevorsteht; nicht die Rechenweise eines kleinen Kreises von Gelehrten, sondern der breiten Masse der technischen Praktiker.

Freilich hat die neue Rechenart in der langen Zeit seit Gauß, Hamilton und dem älteren Graßmann nur ganz allmählich Feld gewonnen. Neuerdings ist aber die Zahl ihrer Anhänger, nicht zuletzt durch den mächtigen Antrieb der Elektrotechnik, in immer wachsendem Maße gestiegen.

Es ist nicht zu verkennen, daß bisher der Ausbreitung der Vektorrechnung in der Praxis mehrere Gründe entgegengewirkt haben:

1. In der gebräuchlichen Vektoranalysis wird meist nur mit Buchstaben gerechnet. Die praktischen Anwendungen verlangen aber gerade Zahlenrechnungen.

In dieser Schrift sind daher die wichtigeren Ergebnisse grundsätzlich mit Zahlenbeispielen belegt. Dabei werden, wo die Untersuchungen nicht in der Ebene, sondern im Raume durchzuführen sind, die Rechnungen an eine neue Exponentialdarstellung der räumlichen Vektoren angelehnt, die das Rechnen mit Raumrichtungen ermöglicht (§ 28).

2. Der Einheitlichkeit halber, aber sonst ohne zwingenden Grund, wird in der Regel in Übereinstimmung mit den räumlichen Vektoren auch für die Vektoren der Ebene die Hamiltonsche Form und nicht die Form der Gaußschen komplexen Zahlen verwendet.

Dadurch wird die Multiplikation und Division der ebenen Vektoren unnötig erschwert. Der Vorteil, daß man mit den ebenen Vektoren wie mit reellen Zahlen rechnen kann, geht verloren.

Im nachstehenden wird daher, wie dies auch in der Elektrotechnik bereits die Regel ist, die Hamiltonsche Form nur für die räumlichen Vektoren verwendet. Dagegen wird für die Ebene nur von den Gaußschen Vektoren, d. h. also von den gewöhnlichen komplexen Zahlen, und außerdem von den sie dual ergänzenden Hyperbelvektoren Gebrauch gemacht.

3. Der hauptsächlichste Hinderungsgrund für die allgemeine Ausbreitung der Vektorrechnung war aber wohl der Umstand, daß die bisherige Rechenweise gerade den Hauptvorzug der vektoriellen Betrachtungsart, die Ermittlung der gesuchten Größen unmittelbar an die Anschauung und Konstruktion anlehnen zu können, nicht erschöpfend ausnutzt. Es genügt nicht, um allen geometrischen Konstruktionen durch die vektorielle Rechnung folgen zu können, daß man auf die Vektoren (einschl. ihrer Differenzialoperatoren) die vier Grundrechnungsarten anwendet.

Vielmehr benötigt man auch einer Formelsprache für die Zerlegung der Vektoren.

Führt man aber, wie dies nachstehend geschieht, geeignete Rechenzeichen für die Zerlegung ein, so kann man alle geometrischen Aufgaben sozusagen in mathematischer Kurzschrift lösen. Die so entstehenden Formeln ergeben durch die Verbindung von Rechnung und Konstruktion die zahlenmäßige Lösung in der denkbar knappsten Form: gerechnet werden die Multiplikationen und Divisionen der Vektoren, konstruiert nur ihre Summierungen und Zerlegungen.

Die antike Geometrie arbeitete mit Lineal und Zirkel. Für die graphischen Fundamentalaufgaben dieser neuen Mathematik, also für die zahlenmäßige vektorielle Summierung und Zerlegung, genügt als einziges Zeichenmittel ein mit einem Linearmaßstab verbundener Transporteur (vgl. § 11).

Will man sich aber, wie dies zweifellos erwünscht ist, von dem Zwange zu zeichnen ganz und gar frei machen, dann kann man zweckmäßig diese graphischen Ermittlungen der Summierung und Zerlegung durch die Ablesung an einem Instrument ersetzen und dadurch größere Bequemlichkeit, Beschleunigung und vor allem größere Genauigkeit der Rechnung erreichen.

Dieses Hilfsmittel ist das noch näher zu erörternde Vektorinstrument (D. R. P. Nr. 333548).

Die Untersuchungen dieser Schrift gipfeln demnach in dem Ergebnis:

Für alle der geometrischen Behandlung zugänglichen Aufgaben der mathematischen Praxis gibt die Vektorrechnung die günstigste zahlenmäßige Lösung. Dies aber nur, falls die vektorielle Zerlegung in die Rechenoperationen miteinbezogen und ferner für die Ebene die Hamiltonsche Form der Vektoren ausgeschlossen wird. Zur Erläuterung des Gesagten mögen hier aus den zahlreichen späteren Anwendungen einige derartige Formeln Platz finden.

Anwendungsgebiet	Gesuchte Größe	Vektorformel	Bemerkungen
Kinematik § 50	Vektor des Beschleunigungspols	$\dfrac{\mathrm{A}}{1+\dfrac{\mathrm{Q}}{\mathrm{P}}}$	Im Nenner steht eine Vektorsumme, deren ein Summand ein Vektorquotient ist.
Statik der Baukonstruktionen § 36, Beispiel 7	Richtung des Auflagerdruckes gegeben durch den Vektor:	$\mathrm{R}_{\beta}^{\varphi}-\mathrm{L}$	Differenz zweier Vektoren, von denen einer ein Zerlegungsvektor ist.
Elektrotechnik § 51, 4	Gesamtspannung einer Wechselstromschleife mit dahinter geschalteter Induktionsspule	$J_1\left(\mathrm{R}+\mathrm{R}_1+\dfrac{\mathrm{R}\,\mathrm{R}_1}{\mathrm{R}_2}\right)$	Summe v. 3 Vektoren. Der letzte Summand ist durch Multiplikation und Division von 3 Vektoren gebildet.
Elektrotechnik (Elektrische Kraftübertragung) § 51, 6	EMK des mit konstantem Effekt arbeitenden Motors	$\left(\mathrm{E}+\dfrac{N}{J}\right)_{E_1}^{90}-\mathrm{E}$	Verbindung einer Zerlegung mit zwei Summierungen.
Geodäsie, Hansensche Aufgabe § 13, 10	Vektor zwischen den beiden Neupunkten	$\dfrac{\mathrm{A}}{1_{\psi}^{-\varphi}-1_{-\chi}^{\omega}}$	Im Nenner steht die Differenz zweier Zerlegungsvektoren.
Geodäsie, Punktausgleichung § 53	Der ausgeglichene Fehlervektor	$\dfrac{\mathrm{W}-\mathrm{G}\overline{\mathrm{W}}}{2\,P}$	Im Zähler die Differenz von 2 Vektoren, deren einer ein Vektorprodukt ist.

Diese wenigen Beispiele mögen genügen, um zu zeigen, daß in der Tat bei diesen Formeln die Ausgangswerte durch eine Mindestzahl von Rechenzeichen verbunden werden. Es hat daher eine gewisse Berechtigung, wenn vorher von dieser Rechenart als von einer Lösung in mathematischer Kurzschrift gesprochen wurde.

Die neue vektorielle Rechenweise steht in der Mitte zwischen der rein graphischen Ermittlung und dem analytisch rechnenden Verfahren.

Die Vorzüge des zeichnerischen Verfahrens waren bisher:

1. Anschaulichkeit der Lösung und
2. einfache Bestimmung der gesuchten Größen;

seine Nachteile:

1. der Zwang zu zeichnen und dabei Zeichenpapier, Zeichenstift und eine größere Zahl von Zeicheninstrumenten zu benutzen;
2. beschränkte Genauigkeit.

Die Vorzüge des analytischen Verfahrens waren bisher:

1. Möglichkeit des Rechnens nach feststehendem übersichtlichem Muster und
2. beliebige Genauigkeit;

seine Nachteile:

1. Verwendung oft schwerfälliger Formeln und
2. Mangel an Anschaulichkeit der Lösung.

Soweit möglich, vereinigt die vektorielle Rechnung die Vorzüge beider Verfahren und vermeidet ihre Nachteile.

§ 2. Begriff und Bezeichnung des ebenen Vektors.

Jede komplexe Zahl von der Form

$$a\left(\cos\frac{180}{\pi}\alpha' + i\sin\frac{180}{\pi}\alpha'\right) = a e^{i\alpha'}$$

ist ein ebener Vektor. Hierbei bedeutet a die Länge des Vektors und α' in Bogenmaß seine Neigung gegen die Nullrichtung.

Führt man statt des Bogenmaßes α' die Neigung α in Graden ein, so entsteht wegen $\frac{\alpha}{\alpha'} = \frac{180}{\pi}$ die Vektorform $a(\cos\alpha + i\sin\alpha) = a e^{\frac{\pi}{180}\cdot i\alpha}$.
Die Zahl $e^{\frac{\pi}{180}}$ setzen wir gleich ε und bezeichnen den Vektor mit einem steil gestellten großen Buchstaben. Dann ist

$$\mathrm{A} = a\varepsilon^{i\alpha} = a(\cos\alpha + i\sin\alpha) = a_\alpha$$

der Ausdruck des Vektors. Wir verstehen ferner unter $|\mathrm{A}| = a = a_0$ die Länge des Vektors, unter $\|\mathrm{A}\| = \alpha$ seine Richtung, d. h. seine Neigung, in Graden gemessen, gegen die Nullrichtung.

Dabei ist die alte Kreisteilung in 360 Winkelgrade vorausgesetzt. Wollte man die neue Kreisteilung (in 400 Grade) zugrunde legen, so hätte man zu setzen $\varepsilon = e^{\frac{\pi}{200}}$.

Weitere Bezeichnungen:

$\mathrm{A}_\beta = a_{\alpha+\beta}$ Vektor um β Grad im positiven Sinne weiter gedreht, wobei entsprechend $a_0 = a$ auch $\mathrm{A}_0 = \mathrm{A}$ geschrieben wird,

$\overline{\mathrm{A}} = a_{-\alpha} = a\varepsilon^{-i\alpha} = a(\cos\alpha - i\sin\alpha)$ der zu A konjugierte Vektor

$i\mathrm{A} = \mathrm{A}_{90}$, $\mathrm{A}_{\pm 180} = -\mathrm{A}$, $\mathrm{A}_{360} = \mathrm{A}$, $\varepsilon^{i360} = 1$, $\mathrm{A} = a \cdot 1_\alpha$, $\mathrm{A}_{-\alpha} = a$.

§ 3. Addition und Subtraktion, Multiplikation und Division der ebenen Vektoren.

1. Die Addition entspricht der Streckensummierung (Fig. 1), also

$$\mathrm{B} + \mathrm{C} = \mathrm{A} \text{ oder } b_\beta + c_\gamma = a_\alpha$$

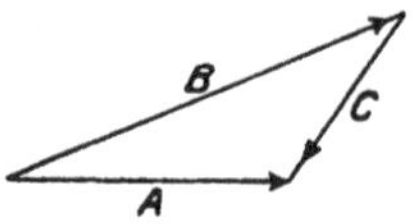

Fig. 1.

oder z. B. in Zahlen

$$4{,}8_{135} + 5{,}6_{23} = 5{,}9_{72}$$

2. Entsprechend ist die Subtraktion:

$$\mathrm{A} - \mathrm{C} = \mathrm{B} \text{ oder } a_\alpha - c_\gamma = b_\beta$$

3. Das Produkt zweier Vektoren ist wieder ein Vektor, nämlich

$$\mathrm{A}\cdot\mathrm{B} = \mathrm{B}\cdot\mathrm{A} = a_\alpha b_\beta = ab_{\alpha+\beta} = ab\cdot 1_{\alpha+\beta}$$

4. Desgleichen der Quotient:

$$\frac{A}{B} = \frac{a_\alpha}{b_\beta} = \left(\frac{a}{b}\right)_{\alpha-\beta} = \frac{a}{b} \cdot 1_{\alpha-\beta}$$

Das Quadrat eines Vektors ist daher

$$A^2 = (a_\alpha)^2 = a^2_{2\alpha}$$

5. Zahlenbeispiele: $4_{30} \cdot 6_{40} = 24_{70}$ Ferner $\frac{8_{20}}{2_{30}} = 4_{-10} = 4_{350}$ und $(4_{30})^2 = 16_{60}$

§ 4. Das Vektorinstrument. (Fig. 2.)

Das Vektorinstrument besteht aus einem Teilkreis 1, um den ein quadratischer Rahmen 2 schwenkt. Parallel mit 2 Seiten des Rahmens kann eine zwangsläufig geführte Schiene 3 verschoben werden. Auf dieser Schiene befindet sich ein Lineal, das in der Längsrichtung der Schiene hin und her geschoben werden kann. Deckt sich das Lineal

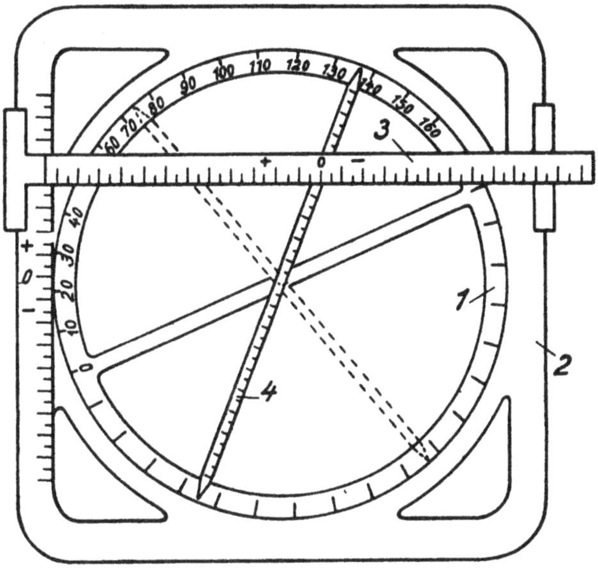

Fig. 2.

mit der Schiene, d. h. ist keine Verschiebung des Lineals in der Längsrichtung erfolgt, so befindet sich die Nullmarke des Lineals in der Mitte der Schiene.

Um den Mittelpunkt des Teilkreises ist ein mit Millimetereinteilung versehener Zeiger 4 drehbar, der mit einer verschiebbaren Ablesemarke versehen ist. Unter Umständen kann das Instrument statt mit einem auch mit 2 Zeigern ausgestattet werden. Wir werden jedoch im nachstehenden stets nur das einfache Instrument mit nur einem Zeiger voraussetzen und, falls ausnahmsweise 2 Zeiger angenommen werden, dies besonders anmerken.

Im übrigen hat das Instrument noch einige Einzelanordnungen, die später bei den verschiedenen Anwendungen behandelt werden.

Bemerkt wird noch, daß an der Anordnung des Instrumentes offenbar nichts geändert wird, wenn der Rahmen als fest, dagegen der Teilkreis als in ihm drehbar angesehen wird.

§ 5. Die vier Fundamentalaufgaben der Dreiecksrechnung. (Die Summierung und drei Zerlegungen.)

Wie die geometrische Praxis zeigt, ist es im allgemeinen zweckmäßiger, mit Richtungen statt mit Winkeln zu rechnen. Wir werden daher von den Dreieckswinkeln seltener Gebrauch machen. Zum Unterschied von den Richtungen der Seiten a, b, c, die wir mit α, β, γ bezeichnen, mögen die Dreieckswinkel sein (α), (β), (γ).

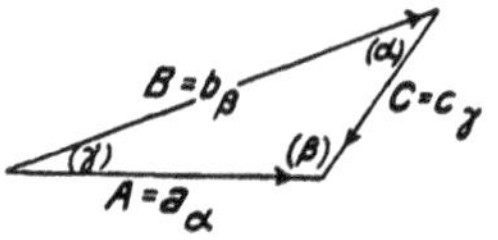

Fig. 3.

Dann gilt für das nebenstehende Dreieck (Fig. 3) die Gleichung

$$b_\beta + c_\gamma = a_\alpha .$$

In dieser Gleichung müssen immer 4 von den 6 Zahlen a, b, c, α, β, γ gegeben sein. Die beiden noch übrigen können dann mit Hilfe des Vektorinstruments abgelesen oder, falls man von dem Gebrauch des Instruments absehen will, mittels Linearmaßstab und Transporteur konstruiert werden.

Entsprechend den 4 Kongruenzsätzen der Planimetrie kann man im wesentlichen 4 verschiedene Fälle unterscheiden:

1. Es sind gegeben etwa:

$$b,\ \beta,\ c,\ \gamma;\ \text{gesucht } a \text{ und } \alpha.$$

Dies ist der Fall der einfachen Streckensummierung, der offenbar dem 1. Kongruenzsatz entspricht.

2. Es sind gegeben etwa a, α, β, γ; gesucht sind b und c (entspr. dem 3. Kongruenzsatz).

3. Es sind gegeben etwa a, α, β, c; gesucht sind b und γ (entspr. dem 4. Kongruenzsatz).

4. Es sind gegeben etwa a, α, b, c; gesucht sind β und γ (entspr. dem 2. Kongruenzsatz).

§ 6. Streckensummierung. (1. Kongruenzsatz.)

Die Streckensummierung ist eine der Hauptaufgaben der Vektorrechnung. Ihre Ausführung am Instrument ergibt am einfachsten das nachstehende Zahlenbeispiel: Es ist zu bilden $4{,}8_{135} + 5{,}6_{23}$ (Fig. 2).

Man stellt den Zeiger auf 135^0 ein, seine Marke auf 4,8. Hierauf dreht man den Nullpunkt des Rahmens auf 23^0, schiebt das Lineal an den Punkt 4,8 des Zeigers und alsdann durch Längsverschiebung des Lineals auf seiner Schiene (also in der Richtung des Vektors $5{,}6_{23}$) den Nullpunkt des Lineals an den Punkt 4,8 des Zeigers heran. Schließlich dreht man den Zeiger nach dem Endpunkt 5,6 des Lineals.

Dann erscheint auf dem Zeiger der Vektor

$$5{,}9_{72} = 4{,}8_{135} + 5{,}6_{23} \text{ oder } \begin{array}{l} 4{,}8_{135} \\ \underset{\sim\sim\sim}{5{,}6_{23}}, \\ 5{,}9_{72} \end{array}$$

wobei die geschlängelte Linie $\sim\sim$ unter den Summanden die geometrische Summierung ausdrückt.

Sind Strecken zu subtrahieren, so werden sie bei der Einstellung am Lineal in entgegengesetzter Richtung abgelesen.

Sind mehrere Strecken zu addieren (oder zu subtrahieren), so wird das Verfahren entsprechend wiederholt. Diese Möglichkeit, fortlaufende Summierungen und Subtraktionen auszuführen, ist, wie sich zeigen wird, in der Statik und Geodäsie von besonderer Bedeutung.

Fällt der Endpunkt einer Strecke aus dem Teilkreis heraus, so wird der Maßstab der Vektorlängen verkleinert.

Soll für die Rechnungen die Genauigkeit des gewöhnlichen Rechenschiebers gelten, so genügt ein Teilkreis von 11 bis 12 cm Halbmesser.

Die Rechenersparnis bei der Streckensummierung erkennt man, wenn man die gesuchten Größen algebraisch ausdrückt.

Falls $b_\beta + c_\gamma = a_\alpha$, ist auch $b \cos\beta + c \cos\gamma = a \cos\alpha$ und
$b \sin\beta + c \sin\gamma = a \sin\alpha$, also

$$a = \sqrt{b^2 + c^2 + 2\,bc\cos(\beta - \gamma)} \text{ und}$$

$$\alpha^0 = \frac{180}{\pi} \operatorname{arc\,tang} \frac{b\sin\beta + c\sin\gamma}{b\cos\beta + c\cos\gamma}.$$

Sind mehrere Strecken zu summieren, etwa

$$b_\beta + c_\gamma + d_\delta + g_\chi \ldots = a_\alpha,$$

so ist ebenso

$$a = \sqrt{\begin{array}{l}(b\cos\beta + c\cos\gamma + d\cos\delta + g\cos\chi\ldots)^2 + \\ + (b\sin\beta + c\sin\gamma + d\sin\delta + g\sin\chi\ldots)^2\end{array}}$$

$$\text{und } \alpha^0 = \frac{180}{\pi} \operatorname{arc\,tang} \left(\frac{b\sin\beta + c\sin\gamma + d\sin\delta + g\sin\chi\ldots}{b\cos\beta + c\cos\gamma + d\cos\delta + g\cos\chi\ldots}\right).$$

Wichtig erscheint noch folgender Hinweis:

Statt den Nullpunkt des Rahmens bei vorstehendem Beispiel auf 23^0 zu drehen, kann man auch umgekehrt den Kreis so lange drehen, bis seine Gradzahl 23 auf den Nullpunkt des Rahmens einspielt. In diesem Fall wird der Rahmen festgehalten, also bleibt auch das Lineal, das ja nur parallel und in seiner Längsrichtung verschoben wird, bei dieser Art der Einstellung immer in derselben Richtung. Dadurch wird das Ablesen der Summierungen und Subtraktionen erleichtert. Denn Summierungen werden stets auf dem Lineal in derselben Richtung, Subtraktionen stets in derselben, aber entgegengesetzten Richtung abgelesen.

§ 7. Die Komponentenbildung. (3. Kongruenzsatz.)

Es sei wieder $b_\beta + c_\gamma = a_\alpha$ und gegeben a, α, β, γ; gesucht b und c. Es soll also der Vektor a_α nach den Richtungen β und γ zerlegt werden. Wir nennen den Zerlegungsvektor $\mathrm{B} = b_\beta$ die Komponente von A für γ nach β und den Zerlegungsvektor $\mathrm{C} = c_\gamma$ die Komponente von A für β nach γ. Für die Komponentenbildung führen wir eine neue Schreibweise ein:

$$\mathrm{B} = \mathrm{A}^{\gamma}_{\beta} \text{ und } \mathrm{C} = \mathrm{A}^{\beta}_{\gamma} \text{ oder auch}$$

$$b_\beta = a_\alpha{}^{\gamma}_{\beta} \text{ und } c_\gamma = a_\alpha{}^{\beta}_{\gamma}.$$

Auf Grund dieser Bezeichnungen kann jede Komponente mittels Linearmaßstab und Transporteur in eindeutiger Weise graphisch ermittelt werden. Am Instrument werden die Komponenten B und C auf Grund derselben Einstellungen gemeinsam abgelesen wie folgt:

Man stellt den Zeiger auf den Vektor A ein, dreht dann die Nullmarke des Rahmens auf γ (oder die Winkelzahl γ des Kreises auf die Nullmarke des Rahmens), schiebt das Lineal so, daß es mit seinem Nullpunkt auf den Endpunkt von A kommt und dreht dann den Zeiger in die Richtung β.

Dann erscheint auf dem Lineal der Vektor $\mathrm{C} = c_\gamma = \mathrm{A}^{\beta}_{\gamma} = a_\alpha{}^{\beta}_{\gamma}$ und auf dem Zeiger der Vektor $\mathrm{B} = b_\beta = \mathrm{A}^{\gamma}_{\beta} = a_\alpha{}^{\gamma}_{\beta}$.

Zahlenbeispiel: (entsprechend $4{,}8_{135} + 5{,}6_{23} = 5{,}9_{72}$)

$$5{,}6_{23} = 5{,}9_{72}{}^{135}_{23} \text{ und } 4{,}8_{135} = 5{,}9_{72}{}^{23}_{135}.$$

§ 8. Gesetze der Komponentenbildung.

1. Die Komponente $a_\alpha{}^{\beta}_{\gamma}$ läßt sich in der gewöhnlichen analytischen Schreibweise ausdrücken:

$$a_\alpha{}^{\beta}_{\gamma} = a \frac{\sin(\alpha - \beta)}{\sin(\gamma - \beta)} e^{i\gamma\frac{\pi}{180}}$$

Dies ergibt sich aus der nebenstehenden Fig. 4 mit Hilfe des Sinussatzes. Demgemäß ist

$$a_{\alpha+180}{}^{\beta}_{\gamma} = - a_\alpha{}^{\beta}_{\gamma}$$

$$a_\alpha{}^{\beta+180}_{\gamma} = a_\alpha{}^{\beta}_{\gamma}$$

$$a_\alpha{}^{\beta}_{\gamma+180} = a_\alpha{}^{\beta}_{\gamma}$$

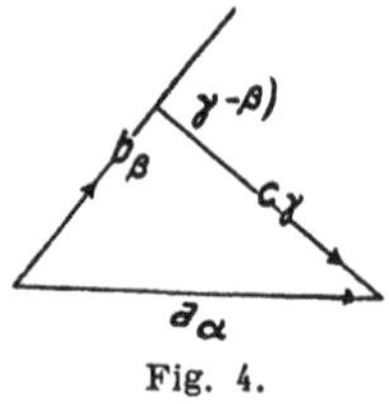

Fig. 4.

Also nur, wenn die Richtung α des zu zerlegenden Vektors A umgedreht wird, ändert die Komponente ihr Vorzeichen. Bei sonstigen Umdrehungen der Richtungen bleibt sie unverändert.

2. Es ist gleichgültig, ob man die Komponente am Lineal oder am Zeiger des Instruments abliest. Dies ist wichtig für das Ablesen der beiden zusammengehörigen Komponenten $a_{\alpha}{}^{\beta}_{\gamma}$ und $a_{\alpha}{}^{\gamma}_{\beta}$ auf Grund derselben Einstellungen.

3. Eine Komponente kann positiv und negativ sein. Aus der Gleichung $4{,}8_{135} + 5{,}6_{23} = 5{,}9_{72}$. folgt z. B. $5{,}9_{72} - 5{,}6_{23} = 4{,}8_{135}$. Folglich ist $4{,}8_{135}{}^{72}_{23} = -5{,}6_{23}$. Wird die Komponente graphisch ermittelt, so ergibt sich das Vorzeichen ohne weiteres aus der Figur. Wird sie am Instrument abgelesen, so hat sie positives Vorzeichen, wenn

a) am Zeiger ihre Richtung mit der Richtung: Mittelpunkt—gesuchter Schnittpunkt übereinstimmt;

b) am Lineal ihre Richtung mit der Richtung: gesuchter Schnittpunkt—Endpunkt des Anfangsvektors.

Andernfalls ist die Komponente negativ.

Eine gewisse Überlegung über das Vorzeichen scheint hiernach beim praktischen Ablesen für die am Lineal zu ermittelnde Komponente nötig. Denn daß die am Zeiger abgelesene Komponente positiv oder negativ ist, je nachdem sie mit der gegebenen Richtung übereinstimmt oder ihr entgegengesetzt ist, leuchtet von selbst ein.

Aber auch für die Ablesung am Lineal ergibt sich eine mechanische Gedächtnisregel, wenn man den Rahmen des Instruments als fest, den Teilkreis als drehbar annimmt und etwa die Wagerechte als Nullrichtung für die dann stets gleichbleibende Richtung des Lineals zugrunde legt. Liegt dann am Lineal der Neupunkt B rechts vom Nullpunkt, so ist die Komponente positiv, liegt der Neupunkt B links vom Nullpunkt, so ist die Komponente negativ. Diese mechanische Regel ist so einfach, daß beim praktischen Ablesen jede besondere Überlegung fortfällt.

4. Die Komponente $a_{\alpha}{}^{\beta}_{\gamma}$ ist ein Vektor von der Richtung γ, da ja $c_{\gamma} = a_{\alpha}{}^{\beta}_{\gamma}$. Hierbei ist jedoch wohl zu beachten, daß c auch negativ sein kann.

Es folgt $c = \frac{a_{\alpha}{}^{\beta}_{\gamma}}{1\gamma}$, wofür wir abgekürzt schreiben $c = a_{\alpha}\,{}^{\beta}_{\gamma}$. Der geschlängelte vektorielle Bruchstrich soll dabei die Division durch 1γ anzeigen.

Es ist z. B. $4{,}8_{135}\,{}^{72}_{23} = -5{,}6$.

5. Da $b_{\beta} + c_{\gamma} = a_{\alpha}$, folgt $a_{\alpha}{}^{\beta}_{\gamma} + a_{\alpha}{}^{\gamma}_{\beta} = a_{\alpha}$ oder $a_{\alpha}{}^{\beta}_{\gamma} = a_{\alpha} - a_{\alpha}{}^{\gamma}_{\beta}$.

Eine weitere Folgerung hieraus ist der verallgemeinerte Moivresche Satz für die Ebene

$$\left(a_{\alpha}{}^{\beta}_{\gamma} + a_{\alpha}{}^{\gamma}_{\beta}\right)^n = a^n_{n\alpha}{}^{\beta}_{\gamma} + a^n_{n\alpha}{}^{\gamma}_{\beta}.$$

6. Die Komponentenbildung läßt sich wiederholen; z. B. ist in der nebenstehenden Fig. 5

$$e_\varepsilon = a\,{}^{\gamma\,\delta\,\vartheta}_{\alpha\,\beta\,\zeta\,\varepsilon}\,.$$

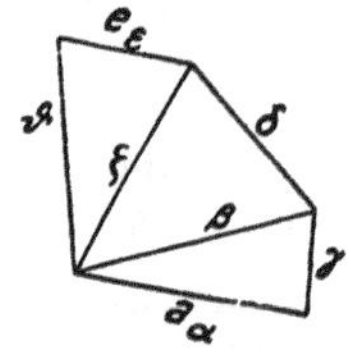

Fig. 5.

Solche fortgesetzte Komponentenbildung läßt sich, ohne daß zwischendurch irgendwelches Aufschreiben von Zahlen notwendig ist, fortlaufend einstellen (oder konstruieren). Zum Schluß wird die gesuchte Endkomponente abgelesen.

7. Das distributive Gesetz der Komponentenbildung.

Behauptung: Es ist $(A + B)^\zeta_\vartheta = A^\zeta_\vartheta + B^\zeta_\vartheta$.

1. Beweis. Man kann stets setzen $m_\zeta + n_\vartheta = A$ und $p_\zeta + q_\vartheta = B$. Denn dann ist

$$m = A^{\vartheta}_{\zeta} \text{ und } n = A^{\zeta}_{\vartheta} \text{ sowie}$$

$$p = B^{\vartheta}_{\zeta} \text{ und } q = B^{\zeta}_{\vartheta}.$$

m, n, p und q sind also stets eindeutig bestimmte positive oder negative reelle Zahlen.

Aus den Gleichungen für A und B folgt durch Summation

$$(m + p)_\zeta + (n + q)_\vartheta = A + B,$$

also auch z. B.

$$(n + q)_\vartheta = (A + B)^\zeta_\vartheta = n_\vartheta + q_\vartheta\,.$$

Setzt man für n und q ihre Werte ein, so folgt, da z. B.

$$\left(A^\zeta_\vartheta\right)_\vartheta = A^\zeta_\vartheta,\quad (A + B)^\zeta_\vartheta = A^\zeta_\vartheta + B^\zeta_\vartheta.$$

2. Beweis. Es ist $A^\zeta_\vartheta + A^\vartheta_\zeta = A$ und

$$B^\zeta_\vartheta + B^\vartheta_\zeta = B.$$

Folglich $\left(A^\zeta_\vartheta + B^\zeta_\vartheta\right) + \left(A^\vartheta_\zeta + B^\vartheta_\zeta\right) = A + B$. Daher

$$(A + B)^\zeta_\vartheta = A^\zeta_\vartheta + B^\zeta_\vartheta.$$

Dieses wichtige Gesetz stellt die Verbindung zwischen der vektoriellen Summierung und der Komponentenbildung her.

Ganz allgemein ist:

$$(\pm A \pm B \pm C\ldots)^{\varepsilon\,\mu\ldots}_{\zeta\,\nu\ldots} = \pm A^{\varepsilon\,\mu\ldots}_{\zeta\,\nu\ldots} \pm B^{\varepsilon\,\mu\ldots}_{\zeta\,\nu\ldots} \pm C^{\varepsilon\,\mu\ldots}_{\zeta\,\nu\ldots}$$

Bereits die Form $(A + B)^\zeta_\vartheta$ würde zu außerordentlich verwickelten Ausdrücken führen, wollte man sie mit den gewöhnlichen Ausdrucksmitteln der Algebra darstellen.

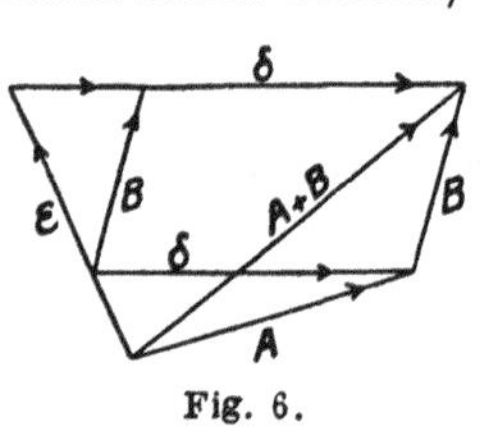

Fig. 6.

Das distributive Gesetz ergibt sich auch durch die geometrische Anschauung. In der nebenstehenden Fig. 6 ist $(A + B)^\delta_\varepsilon = A^\delta_\varepsilon + B^\delta_\varepsilon$, ferner

$$(A + B)^\varepsilon_\delta = A^\varepsilon_\delta + B^\varepsilon_\delta.$$

Sämtliche Komponenten sind positiv.

In Fig. 7 sind

$$A_\delta^\varepsilon \text{ und } A_\varepsilon^\delta \text{ positiv, desgl. } B_\varepsilon^\delta.$$

Dagegen ist B_δ^ε negativ. Daher ist auch in dieser Figur

$$(A+B)_\delta^\varepsilon = A_\delta^\varepsilon + B_\delta^\varepsilon.$$

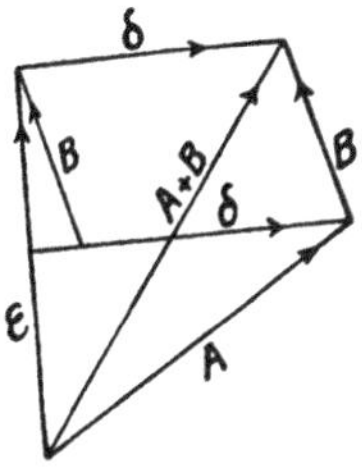

Fig. 7.

8. Ist $C = c_\gamma = A_\gamma^\beta$, so ist nach einer Drehung des Dreiecks um φ Grad

$$C_\varphi = A_{\varphi\,\gamma+\varphi}^{\beta+\varphi}.$$

9. Es ist $C = c_\gamma = A_\gamma^\beta = a \cdot 1_{\alpha\,\gamma}^{\;\beta}$ oder z. B.

$$A_\gamma^\beta \cdot B_\zeta^\varepsilon = ab \cdot 1_{\alpha\,\gamma}^{\;\beta} \cdot 1_{\beta\,\zeta}^{\;\varepsilon}.$$

10. Komponenten wie z. B. $1_{0\,\gamma}^{\;\beta} = 1_\gamma^\beta$, in denen also der Anfangsvektor 1 die Richtung Null hat, bezeichnen wir als Einheitskomponenten. Jede beliebige Komponente läßt sich durch solche Einheitskomponenten ausdrücken. Es ist z. B.

$$a_{\alpha\,\gamma}^{\;\beta} = a \cdot \frac{1_\gamma^\beta}{1_\alpha^\beta}.$$

Der Beweis folgt aus der unter Ziff. 1 dieses Paragraphen gegebenen trigonometrischen Formel für $a_{\alpha\,\gamma}^{\;\beta}$.

11. Ist $C = A_\gamma^\beta$, so ist $\overline{C} = \overline{A}_{-\gamma}^{-\beta}$.

12. Hat das Vektorinstrument nur einen Zeiger, so lassen sich Ausdrücke von folgender Form in ununterbrochener Folge einstellen bis zum Ablesen des Endergebnisses, ohne daß Zwischenablesungen notwendig sind:

$$\left\{(A+B)_\varepsilon^\delta + C\ldots\right\}_\eta^\vartheta + D\ldots$$

Dagegen ist dies bei Ausdrücken von der Form $A_\gamma^\beta + D_\zeta^\varepsilon$ im allgemeinen nicht möglich. Man muß dann zunächst etwa die Komponente A_γ^β ablesen und aufschreiben, um sie dann zu der an zweiter Stelle abgelesenen Komponente D_ζ^ε in gewöhnlicher Weise zu addieren.

In der Praxis läßt sich diese kleine Unbequemlichkeit mit Hilfe der Rechengesetze der Komponentenbildung meist vermeiden.

Nachstehend einige Beispiele für derartige Umformungen:

a) Es ist $A_\gamma^\beta + B_\gamma^\varepsilon = (A_\gamma^\beta + B)_\gamma^\varepsilon = (A + B_\gamma^\varepsilon)_\gamma^\beta$. Denn es ist

$$A_{\gamma\,\gamma}^{\beta\,\varepsilon} = A_\gamma^\beta \text{ und } A_{\gamma\,\varepsilon}^{\beta\,\gamma} = 0.$$

b) $A_\delta^\gamma + B_\varepsilon^\gamma = A - A_\gamma^\delta + B - B_\gamma^\varepsilon = -(A_\gamma^\delta + B)_\gamma^\varepsilon + A + B.$

c) Es ist $A_\delta^\gamma B_\delta^{\gamma+90} + A_\delta^{\gamma+90} B_\delta^\gamma = 2\,(AB)_{2\delta}^{2\gamma}$. Dieser Satz enthält die Zerlegung eines Vektorproduktes.

§ 9. Fall 3 der Dreiecksrechnung.

(Entsprechend dem 4. Kongruenzsatz Zerlegung nach einer Richtung und einer Länge.)

Gegeben seien etwa A, b und γ; gesucht β und c (Fig. 8).

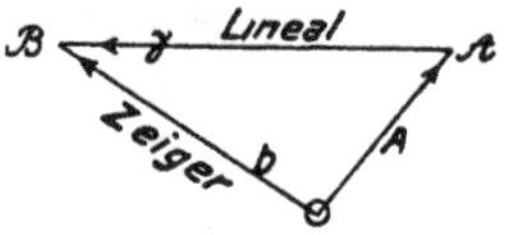

Fig. 8.

Wir schreiben den Zerlegungsvektor

$$B = A_b^{\gamma} = a_{\alpha}{}_b^{\gamma} \text{ und}$$

den Zerlegungsvektor $C = A_{\gamma}^{b} = a_{\alpha}{}_{\gamma}^{b}$

Zahlenbeispiel: $4{,}8_{135} = 5{,}9_{72}{}_{4{,}8^{\cdot}}^{23}$ und

$$5{,}6_{23} = 5{,}9_{72}{}_{23}^{4{,}8^{\cdot}}$$

Hierbei ist, um die Längen von den Richtungen zu unterscheiden, oben hinter die Längen ein Punkt gesetzt.

Die graphische Ermittlung der Zerlegungsvektoren B und C bedarf keiner weiteren Erläuterung.

Die Ablesung am Instrument geschieht derart, daß A am Zeiger eingestellt wird. Dann wird in der bekannten Weise das Lineal in die Richtung γ gestellt und dabei der Nullpunkt des Lineals mit dem Endpunkt von A zur Deckung gebracht. Hierauf dreht man den Zeiger, bis sein Schnittpunkt mit dem Lineal um die Länge b vom Mittelpunkt des Teilkreises abliegt. Dann gibt der Zeiger den Vektor $B = a_b^{\gamma}$ und das Lineal den Vektor $C = a_{\alpha}{}_{\gamma}^{b}$.

Da der Zeiger das Lineal im allgemeinen zweimal schneidet, erhält man eine Doppellösung. Die Symbole A_b^{γ} und A_{γ}^{b} sind also zweiwertig, während die Streckensumme $B + C$ und die Komponenten A_{γ}^{β} und A_{β}^{γ} stets einwertig sind.

Es wird also beim Ablesen von A_b^{γ} oder A_{γ}^{b} eine quadratische Gleichung gelöst, wie man auch sofort erkennt, wenn man zwischen den gegebenen Größen a, α, b, γ und c nach dem Kosinussatz der Trigonometrie die Beziehung aufsucht. Denn es ist

$$b^2 = a^2 + c^2 - 2ac \cos(\alpha - \gamma).$$

Für das neue Symbol gelten folgende Rechengesetze:

1. $\dfrac{A_{\gamma}^{b}}{1_{\gamma}} = A_{\overline{\gamma}}^{b}$ ist positiv, wenn die Richtung vom gesuchten Punkt B nach dem Endpunkt des Anfangsvektors A mit der gegebenen Richtung γ übereinstimmt, sonst negativ. Vgl. Fig. 8.

Z. B. ist $4{,}8_{135}{}_{23}^{5{,}9^{\cdot}} = -5{,}6_{23}$.

Nimmt man wieder den Rahmen fest, den Kreis drehbar und als Richtung des Lineals die Wagerechte an, so erhält man dieselbe mechanische Regel wie bei der Komponentenbildung.

A^{b}_{γ} ist positiv, wenn der Neupunkt rechts vom Nullpunkt des Lineals liegt, dagegen negativ, wenn der Neupunkt links vom Nullpunkt des Lineals liegt.

2. Es ist $A^{\gamma}_{b} = A - A^{b}_{\gamma}$, daher auch $\left(a_{\alpha}{}^{b}_{\gamma} + a_{\alpha}{}^{\gamma}_{b}\right)^{n} = a^{n}_{n\alpha}{}^{b}_{\gamma} + a^{n}_{n\alpha}{}^{\gamma}_{b}$.

3. Bedeutet m eine beliebige Zahl, so ist

$$m\,C = m\left(A^{b}_{\gamma}\right) = (m\,a)_{\alpha}{}^{mb}_{\gamma} \text{ und ebenso}$$

$$m\,B = m\left(A^{\gamma}_{b}\right) = (m\,a)_{\alpha}{}^{\gamma}_{mb}$$

Diese Beziehungen sagen weiter nichts, als daß in einem linear $m$mal vergrößerten Dreieck sämtliche Längen $m$mal größer sind.

4. Die Schwenkung des Dreiecks um den beliebigen Winkel φ gibt die Beziehungen

$$B_{\varphi} = A_{\varphi}{}^{\gamma+\varphi}_{b} \text{ und } C_{\varphi} = A_{\varphi}{}^{b}_{\gamma+\varphi}$$

§ 10. Fall 4 der Dreiecksrechnung.

(Entsprechend dem 2. Kongruenzsatz Zerlegung nach zwei gegebenen Längen.)

Es seien gegeben A, b und c; gesucht β und γ.

Wir schreiben den Zerlegungsvektor

$$B = A^{c}_{b} = a_{\alpha}{}^{c}_{b} \text{ und}$$

den Zerlegungsvektor $C = A^{b}_{c} = a_{\alpha}{}^{b}_{c}$.

Zahlenbeispiel: $4{,}8_{135} = 5{,}9_{72}{}^{5,6^{\circ}}_{4,8^{\circ}}$ und $5{,}6_{23} = 5{,}9_{72}{}^{4,8^{\circ}}_{5,6^{\circ}}$

Die Ablesung am Instrument geschieht in folgender Weise:

Man stellt A am Zeiger ein, bringt das Lineal in die geschätzte Richtung von b (oder dreht den Kreis in die geschätzte Richtung von b), schiebt den Nullpunkt des Lineals an den Endpunkt von A heran und schwenkt den Zeiger nach dem Endpunkt von b am Lineal. Stimmt die geschätzte Richtung von b mit der gesuchten Richtung von b überein, so erscheint am Zeiger die Länge c und damit auch die gesuchte Richtung γ.

Entsteht ein Fehler, so wiederholt man das Verfahren, indem man den Zeiger auf den Nullpunkt des Lineals zurückdreht und dann die geschätzte Richtung verbessert.

Die Ablesung erfolgt in diesem Fall der Dreiecksrechnung mit Hilfe einer Annäherung. Sie ist also nicht ganz so einfach auszuführen wie in den bereits behandelten Fällen.

Die Ablesung wird erleichtert, falls das Vektorinstrument zwei Zeiger besitzt. Der Wert von A kann dann dauernd mit einem Zeiger festgehalten werden.

Doch kommen Ablesungen entsprechend dem Symbol A_c^b in der Praxis nur ganz ausnahmsweise vor. Es lohnt sich daher nicht, aus diesem Grunde die Zahl der Zeiger zu vermehren.

Außerdem läßt sich Fall 4 der Dreiecksrechnung stets auf Fall 3 zurückführen. Denn es ist bekanntlich (vgl. Fig. 9):

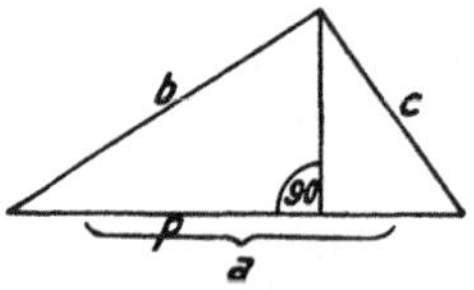

Fig. 9.

$$p = \frac{(b+c)(b-c)}{2a} + \frac{a}{2}.$$

Daher

$$2\,A_b^c = 2\,B = \left[\frac{(b+c)(b-c)}{a} + a\right]_{\alpha\ \ 2b}^{90+\alpha} \quad \text{und}$$

$$2\,A_c^b = 2\,C = \left[\frac{(b+c)(b-c)}{a} - a\right]_{\alpha\ \ 2c}^{90+\alpha}$$

Auch das Symbol A_c^b ist zweiwertig.

Rechenregeln: Es ist gemäß $B + C = A$

$A_b^c + A_c^b = A$, ferner $m\,B = m\left(A_b^c\right) = (m\,a)_{\alpha\ mb}^{\ \ mc}$ und $B_\varphi = A_{\varphi\ b}^{\ \ c}$.

§ 11. Folgerungen.

1. Beim Fall 1 der Dreiecksrechnung wurden Strecken aneinandergesetzt, beim Fall 2 wurde der Schnittpunkt zweier Geraden bestimmt, beim Fall 3 der Schnittpunkt einer Geraden und eines Kreises, endlich beim Fall 4 der Schnittpunkt zweier Kreise. Aus diesen Aufgaben setzen sich aber alle geometrischen Konstruktionen, die überhaupt mit Lineal und Zirkel ausgeführt werden können, zusammen.

Damit ist ganz allgemein der Nachweis geführt, daß das vektorielle Verfahren mit Hilfe seiner einfachen Ablesungen imstande ist, sämtliche geometrischen Konstruktionen zu ersetzen.

Andererseits leuchtet aber auch ein, daß zunächst alle algebraischen Rechnungen vektoriell ausgeführt werden können, die die Lösung linearer und quadratischer Gleichungen verlangen.

2. Im vorstehenden wurde die Bildung der Zerlegungsvektoren mit Hilfe des Vektorinstruments in den Vordergrund der Betrachtung gestellt. Doch ist klar, daß an sich die Rechengesetze der Zerlegungsvektoren von diesem Instrument ganz unabhängig sind. Will man also ohne das Instrument auskommen, so kann man trotzdem vektoriell rechnen. Die Lösung führt dann die geometrische Konstruktion auf ihre Elemente, auf Summierungen und Zerlegungen von Vektoren, zurück. Die knappe Vektorformel enthält die gesamte Anweisung für die Konstruktion. Die sonst für graphische Ermittlungen notwendigen weitläufigen Anweisungen und Figuren fallen fort.

Da Fall 4 der Dreiecksrechnung auf Fall 3 zurückgeführt werden kann, lassen sich alle Summierungen und Zerlegungen zahlenmäßig mit Hilfe eines Linearmaßstabes und eines Transporteurs ausführen.

§ 12. Die rechtwinkligen Dreiecke.

Die Ablesungen für rechtwinklige Dreiecke lassen sich vereinfachen, da am Vektorinstrument das Lineal senkrecht auf zwei Seiten des Rahmens steht. Durch Ausnutzung dieses Umstandes kann man eine Einstellung sparen. Hierfür ist auf einer der senkrecht zum Lineal gerichteten Rahmenseiten beiderseits des in der Mitte vorgesehenen Nullpunktes eine Maßeinteilung vorgesehen. Vgl. Fig. 10.

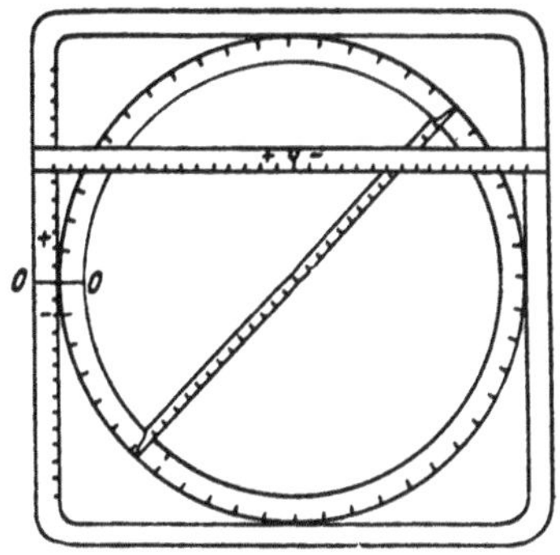

Fig. 10.

Stellt man am Zeiger den Vektor A ein und schiebt das Lineal an den Endpunkt von A heran, während die Nullmarke des Rahmensauf die Null des Teilkreises einspielt und die Nullmarke des Lineals in der Mitte steht, so kann man gleichzeitig ablesen a sin α am Rahmen und a cos α am Lineal, und zwar beide Werte mit dem richtigen Vorzeichen. Die hierfür sonst nötige Überlegung fällt fort.

Mit Hilfe der eben beschriebenen Einstellungen kann man jeden Vektor r_φ in die Form $a + ib$ bringen und umgekehrt, wenn die Abszisse a und die Ordinate b eines Vektors gegeben sind, die Polarform r_φ ablesen.

Stellt man ferner auf der Rahmenseite den Wert a ein und den Zeiger auf die Richtung α, so erscheint auf dem Zeiger der Wert $\frac{a}{\sin \alpha}$ und auf dem Lineal $a \operatorname{ctg} \alpha$.

Stellt man schließlich den Wert a auf dem Lineal ein, so ergibt die Zeigerstellung α auf dem Zeiger den Wert $\frac{a}{\cos \alpha}$ und auf der Rahmenseite den Wert $a \operatorname{tg} \alpha$.

2. In den Symbolen der Komponentenbildung werden die trigonometrischen Funktionen wie folgt ausgedrückt:

$$\begin{cases} a \sin \alpha = a_\alpha \overset{0}{\underset{90}{\sim}} \\ a \cos \alpha = a_\alpha \overset{90}{\underset{0}{\sim}} \end{cases} \quad \begin{cases} a \operatorname{tg} \alpha = a \overset{\alpha}{\underset{90}{\sim}} \\ \dfrac{a}{\cos \alpha} = a \overset{90}{\underset{\alpha}{\sim}} \end{cases} \quad \begin{cases} a \operatorname{ctg} \alpha = a_{90} \overset{\alpha}{\underset{0}{\sim}} \\ \dfrac{a}{\sin \alpha} = a_{90} \overset{0}{\underset{\alpha}{\sim}} \end{cases},$$

ferner ist

$$\frac{180}{\pi} \operatorname{arc\,tang} x = \| 1 + i x |$$

$$\frac{180}{\pi} \operatorname{arc\,cos} x = \| x_{1^\circ}^{90} \|$$

3. Die Aufgabe, für einen gegebenen Vektor Z die Komponenten nach der Richtung φ und nach der zu φ senkrechten Richtung zu finden, wird wie folgt gelöst:

Man stellt die Nullmarke auf der Rahmenseite, die zum Lineal parallel ist, auf die Richtung φ ein und schiebt das Lineal ohne Verschiebung in der Längsrichtung an den Endpunkt von Z heran.

Dann ergibt das Lineal die Komponente $\mathrm{Z}_{\varphi+90}^{\varphi}$ und die mit Maßeinteilung versehene Rahmenseite die Komponente $\mathrm{Z}_{\varphi}^{\varphi+90}$.

4. In der Praxis (Geodäsie) kommt die Aufgabe vor, falls ein Vektor $\mathrm{Z} = z_{\zeta}$ bekannt ist, Ausdrücke von der Form zu bilden:

$$\begin{array}{cc} z\sin(\zeta-\varphi_1) \quad \text{und} & z\cos(\zeta-\varphi_1) \\ z\sin(\zeta-\varphi_2) & z\cos(\zeta-\varphi_2) \\ \text{usw.} & \text{usw.} \end{array}$$

Hierbei sind die $\varphi_1, \varphi_2 \ldots$ gegeben.

Die Ablesung erfolgt derart, daß man den Vektor Z am Zeiger einstellt. Hierauf stellt man die Nullmarke der mit Maßeinteilung versehenen Rahmenseite auf φ_1 ein und schiebt ohne Verschiebung in der Längsrichtung das Lineal an den Endpunkt von Z heran. Dann gibt das Lineal $z\cos(\zeta-\varphi_1)$ und die Rahmenseite $z\sin(\zeta-\varphi_1)$. Bei der Richtung φ_2 verfährt man ebenso, während der Vektor Z unverändert eingestellt bleibt.

Dieses Verfahren bietet nebenbei folgende Vorteile: die Vorzeichen ergeben sich von selbst mit. Auch braucht man die Winkeldifferenzen nicht zu errechnen.

5. Aus der Gleichung

$$m = \frac{a\sin(\zeta-\varphi) + b\sin(\zeta-\psi)}{c\sin(\zeta-\chi) + d\sin(\zeta-\omega)}$$

ist ζ zu berechnen. Lösung:

$$\zeta = \| m c_{\chi} + m d_{\omega} - a_{\varphi} - b_{\psi} \|.$$

§ 13. Lösung geometrischer Aufgaben.

1. Aufgabe des Vorwärtsabschnittes.

Gegeben zwischen 2 Festpunkten M und N der Vektor A. In M ist die Richtung μ, in N die Richtung ν nach dem Neupunkt Z gemessen. Gesucht sind die rechtwinkligen Koordinaten des Neupunktes.

Die Koordinatenzuschläge sind für den Punkt

M: $\mathrm{A}_{\mu}^{\nu}{}_{0}^{90}$ und $\mathrm{A}_{\mu}^{\nu}{}_{\breve{90}}^{0}$ und für den Punkt

N: $\mathrm{A}_{\nu}^{\mu}{}_{\overset{\frown}{0}}^{90}$ und $\mathrm{A}_{\nu}^{\mu}{}_{\bar{90}}^{0}$.

2. Aufgabe. Gesucht die Bedingungsgleichung für die 6 Richtungen eines Vierecks. Vgl. Fig. 11.

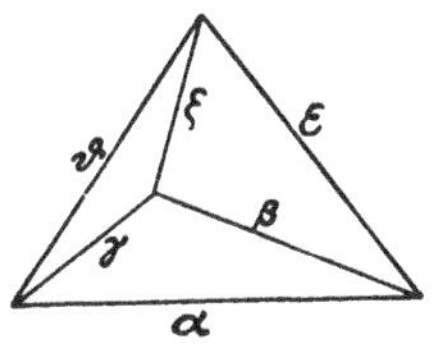

Fig. 11.

Lösung etwa: $1_{\alpha\gamma}^{\beta} = 1_{\alpha\beta\zeta\gamma}^{\gamma\varepsilon\vartheta}$ oder etwa

$$1_{\alpha\gamma\zeta}^{\beta\vartheta} = 1_{\alpha\beta\zeta}^{\gamma\varepsilon}.$$

3. Aufgabe. Gegeben von einem Dreieck $A = a_0, \beta, \gamma$. Gesucht die Fläche des Dreiecks.

1. Lösung. Die Höhe ist $a_{\gamma\,\widetilde{90}}^{\beta\;0}$, also die Fläche $\frac{a^2}{2}{}_{\gamma\;90}^{\beta\;0}$.

2. Lösung. Setze $\left\| 2 - a_{\gamma}^{\beta} \right\| = \varphi$, dann ist $F = a_{\gamma\;\widetilde{90}}^{\varphi\;0}$ in Anlehnung an die bekannte graphische Flächenermittlung.

4. Aufgabe. Von einem Dreieck gegeben a, $b + c$, (α).

Lösung: Es ist $(\beta) = \left\| (b+c)_{a}^{\left(\frac{\alpha}{2}\right)} \right\|$.

5. Aufgabe: Dreieck aus a, h, α. Fig. 12.

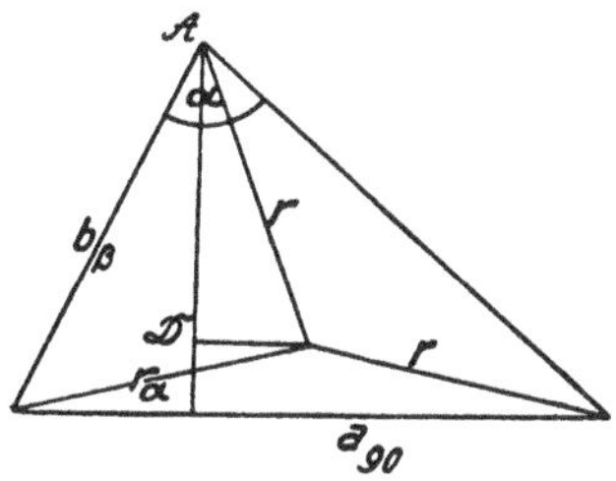

Fig. 12.

$$\text{Es ist } r_\alpha = \frac{a}{2}{}_{90\,\alpha}^{\;0}; \quad AD = h - \frac{a}{2}{}_{90\,\widetilde{0}}^{\;\alpha} = d;$$

$$b_\beta = \frac{a}{2}{}_{90\,\alpha}^{\;0} + d_{r}^{90}.$$

6. Aufgabe. Dreieck aus a, $b \cdot c = m$, $(\beta) - (\gamma) = \delta$; für $\alpha = 0$ ist $(\beta) - (\gamma) = \beta + \gamma$, also ist auch bekannt das Vektorprodukt $BC = bc_{\beta+\gamma} = m_\delta = M$. Da ferner $C = A - B$, folgt $BC = B\,(A - B)$, also $B^2 - AB + M = 0$, woraus B.

7. Aufgabe. Dreieck aus a, $b : c = m$, $(\beta) - (\gamma) = \delta$, Fig. 13.

1. Lösung. Es ist

$(\gamma) = \| m - 1_{-\delta} \|$ und daher $(\beta) = \| m - 1_{-\delta} \| + \delta = \| m_\delta - 1 \|$.

2. Lösung. Setzt man $\alpha = 0$, so ist $BA = C$ und $AD = \overline{C}$, ferner $A\mathfrak{C} = m\,\overline{C}_\delta$, mithin, da $BA + A\mathfrak{C} = B\mathfrak{C}$ ist,

$$C + m\,\overline{C}_\delta = a.$$

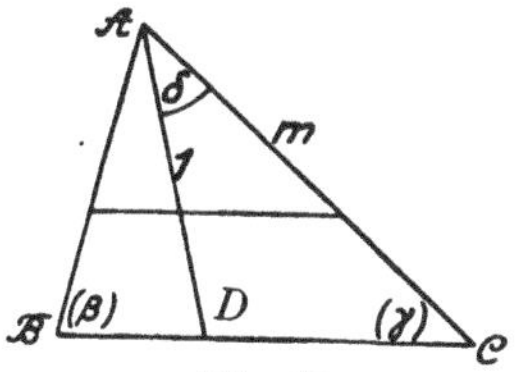

Fig. 13.

Zugleich gilt die konjugierte Gleichung

$$\overline{C} + m\,C_{-\delta} = a.$$

Multipliziert man die 2. Gleichung mit m_δ, so wird sie $m\,\overline{C}_\delta + m^2 C = a m_\delta$. Subtrahiert man diese Gleichung von der ersten, so bleibt

$$C\,(1 - m^2) = a\,(1 - m_\delta) \text{ und } C = a \cdot \frac{1 - m_\delta}{1 - m^2}.$$

Diese Lösung ist für die geodätische Punktausgleichung wichtig. Vgl. § 53.

8. Aufgabe. Konstruktion eines Kreises, der zwei gegebene Linien berührt und durch einen gegebenen Punkt Q geht. Fig. 14.

Der Halbmesser des Hilfskreises mit $OM = 1$, der beide Linien berührt, ist

$$r = 1_{\alpha}{}^{0}_{90} = \sin \alpha.$$

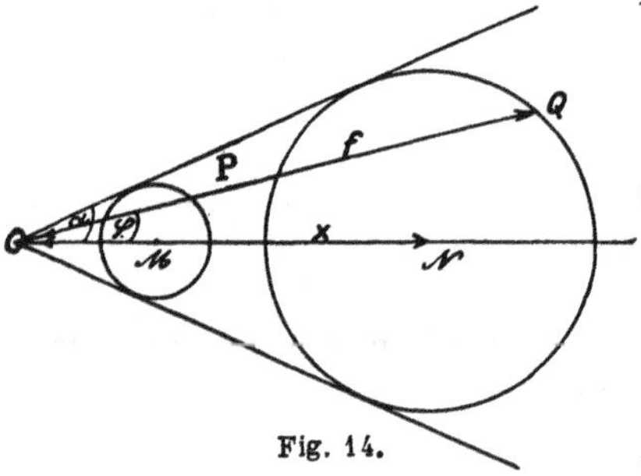

Fig. 14.

Ferner ist $OP = 1 \frac{r}{\widetilde{\varphi}} = 1 \frac{\sin \alpha}{\widetilde{\varphi}}$ und $x : 1 = f : OP$, also

$$x = \frac{f}{1 \frac{\sin \alpha}{\widetilde{\varphi}}}$$

Aus der Zweiwertigkeit von 1^{r}_{φ} folgt die Doppellösung.

Wir schließen die Behandlung derartiger einfacher geometrischer Aufgaben, indem wir noch die vektoriellen Lösungen für die beiden Fundamentalaufgaben der Geodäsie, die Pothenotsche und die Hansensche Aufgabe, beifügen.

9. Die Pothenotsche Aufgabe.

ABC seien die Festpunkte,
X der Neupunkt.

Es ist (Fig. 15) $CD = \mathrm{D} = \mathrm{A}^{\alpha - \varphi_1}_{\alpha + \varphi_2}$ und $DB = \mathrm{E} = \mathrm{A}^{\alpha + \varphi_2}_{\alpha - \varphi_1}$

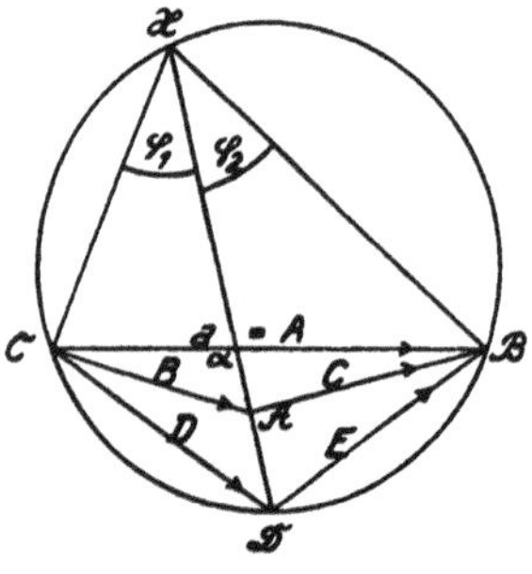

Fig. 15.

Mithin ist die Richtung nach dem Neupunkt

$$\|DA\| = \left\|\mathrm{A}^{\alpha + \varphi_2}_{\alpha - \varphi_1} - \mathrm{C}\right\| = \left\|\mathrm{B} - \mathrm{A}^{\alpha - \varphi_1}_{\alpha + \varphi_2}\right\|$$
$$= \left\|a^{\varphi_2}_{-\varphi_1} \cdot 1_{\alpha} - \mathrm{C}\right\| = \left\|a^{-\varphi_1}_{\varphi_2} \cdot 1_{\alpha + 180} + \mathrm{B}\right\|$$

Die Pothenotsche Aufgabe läßt also eine recht vorteilhafte vektorielle Lösung zu. Die Richtung nach dem Neupunkt läßt sich durch wenige Einstellungen ermitteln, die ohne irgendwelche Zwischenrechnung in ununterbrochener Folge vorgenommen werden können.

Zahlenbeispiel. Es sei $a = 1590$ m, $\alpha = 0^0$
$b = 560$ m, $\beta = 24^0$
$c = 1090$ $\gamma = 348^0$
$\varphi_1 = 38^0$ $\varphi_2 = 46^0$

Dann ist die Richtung nach dem Neupunkt

$$\left\|1{,}590^{46}_{322} - 1{,}090_{348}\right\| = \left\|-1{,}590^{322}_{46} + 0{,}56_{24}\right\| = 250^0.$$

Anm. Bei dieser Ablesung ist zu beachten, daß für jedes n ist

$$\left\|a_{\alpha} + b_{\beta}\right\| = \left\|\frac{a_{\alpha}}{n} + \frac{b_{\beta}}{n}\right\|.$$

10. Die Hansensche Aufgabe. Fig. 16.

Der die Neupunkte C und D verbindende Vektor sei $\mathrm{X} = x_\xi$, der die gegebenen Festpunkte A und B verbindende Vektor sei A. Dann ist

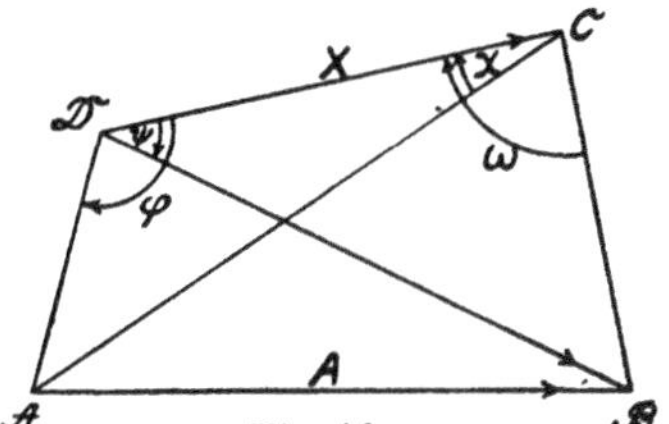

Fig. 16.

$$DA = \mathrm{X}^{\xi-\chi}_{\xi+\varphi} = \mathrm{X} \cdot 1^{-\chi}_{\varphi} \text{ und}$$

$$DB = \mathrm{X}^{\xi-\omega}_{\xi+\psi} = \mathrm{X} \cdot 1^{-\omega}_{\psi}.$$

Da aber

$$\mathrm{A} = DB - DA \text{ ist, wird}$$

$$\mathrm{A} = \mathrm{X}\left(1^{-\omega}_{\psi} - 1^{-\chi}_{\varphi}\right) \text{ und } \mathrm{X} = \frac{\mathrm{A}}{1^{-\omega}_{\psi} - 1^{-\chi}_{\varphi}} \text{ oder auch} = \frac{\mathrm{A}}{1^{\varphi}_{-\chi} - 1^{\psi}_{-\omega}}$$

Zahlenbeispiel. $a = 1150$ m, $\alpha = 0^0$

$\chi = 31^0$

$\omega = 93^0$

$\psi = 53^0$

$\varphi = 118^0$

$$\text{Dann ist } \mathrm{X} = \frac{1150}{1^{267}_{53} - 1^{329}_{118}} = \frac{1150}{1{,}65_{19}} = 690_{341}.$$

II. Abschnitt.

Anwendungen auf Algebra und Analysis.

§ 14. Multiplikation und Division reeller Zahlen.

Ausdrücke von der Form $\frac{a\,b}{c}$, wo a, b und c reelle Zahlen bedeuten, lassen sich auf verschiedene Weise am Instrument ablesen.

1. Verfahren. Rahmen und Lineal des Vektorinstruments befinden sich in der Nullage. Man stellt auf dem Rahmen c ein, indem man das Lineal an den Endpunkt von c heranschiebt. Hierauf dreht man den Zeiger auf den Wert b des Lineals und verschiebt das Lineal sodann bis zum Wert a des Rahmens.

Der Schnittpunkt des Zeigers mit dem Lineal ergibt auf diesem den Wert $\frac{a\,b}{c} = x$ (Fig. 17). Denn wegen der ähnlichen Dreiecke ist $x : a = b : c$. In vektorieller Schreibweise ist

$$x = \frac{a\,b}{c} = a_{90\ 0}^{\|b + i\,c\|}$$

Macht man $c = 1$, so erhält man: ab,

» » $b = 1$, » » » $\frac{a}{c}$.

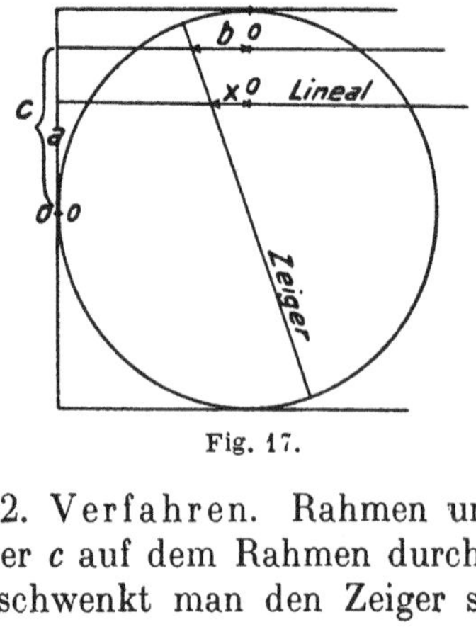

Fig. 17.

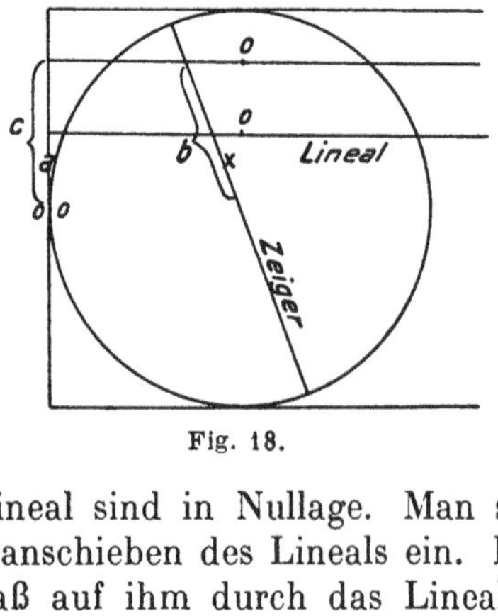

Fig. 18.

2. Verfahren. Rahmen und Lineal sind in Nullage. Man stellt wieder c auf dem Rahmen durch Heranschieben des Lineals ein. Hierauf schwenkt man den Zeiger so, daß auf ihm durch das Lineal die

Strecke b abgegrenzt wird. Dann verschiebt man wieder das Lineal bis zum Werte a des Rahmens (Fig. 18). Auf dem Zeiger erscheint der Wert $x = \frac{a \cdot b}{c}$. Denn wegen der Ähnlichkeit der Dreiecke ist wieder $x : a = b : c$. In vektorieller Schreibweise ist dieser Konstruktion zufolge

$$x = \frac{a\,b}{c} = a^{90}_{\left\| c^{90}_{b} \right\|}$$

Dieses zweite Verfahren eignet sich zur Anwendung namentlich dann, wenn ein Vektor $\left(\frac{a\,b}{c}\right)_\varphi$ ermittelt werden soll. Da der Wert $\frac{a\,b}{c}$ auf dem Zeiger erscheint, braucht man zum Schluß diesen nur noch in die Richtung φ zu drehen.

Es muß sein $b > c$, was sich immer durch zweckentsprechende Anordnung erreichen läßt. Soll z. B. gebildet werden $\frac{2{,}31 \cdot 3{,}56}{4{,}12}$, so setzt man etwa $b = 3{,}56$, $c = \frac{4{,}12}{10}$, $a = \frac{2{,}31}{10}$.

3. Verfahren. Der Rahmen befindet sich in beliebiger Lage, das Lineal in Nullage. Man schiebt das Lineal so über den Teilkreis hin, daß auf ihm $a + b$ abgegrenzt wird. Sodann schwenkt man den Zeiger nach dem Grenzpunkt zwischen a und b. Indem das Lineal an dem so erhaltenen Endpunkt des Zeigers weiter anliegt, dreht man den Rahmen (oder den Kreis) so, daß auf dem Lineal, von dem Endpunkt $a\,b$ gerechnet, c durch den Teilkreis abgegrenzt wird (Fig. 19). Der andere Schnittpunkt des Lineals mit dem Teilkreis liefert $\frac{a\,b}{c} = x$. Denn da das Produkt der Sehnenabschnitte konstant ist, hat man $ab = cx$. Bei kleinem c bilde man etwa $\frac{a\,b}{10\,c}$.

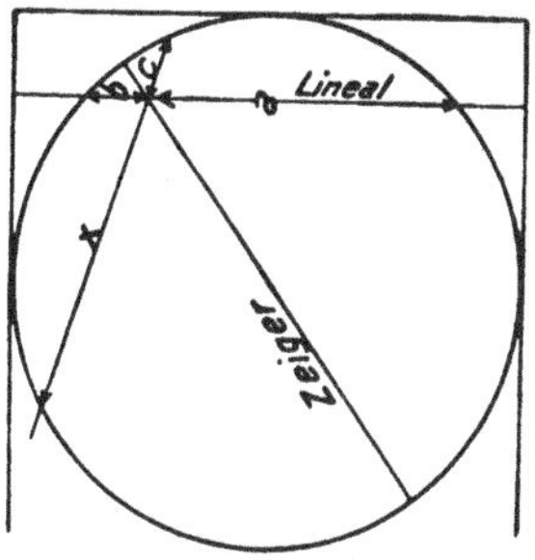

Fig. 19.

Dieses Verfahren, das den ganzen Teilkreis ausnutzt, gestattet unter Umständen genauere Ablesungen.

§ 15. Potenzen und Quadratwurzeln.

1. Potenzen. Der Rahmen (oder Kreis) ist um 90° gedreht, der Zeiger auf Richtung Null gestellt. Das Lineal wird an den Punkt 1 des Zeigers herangeschoben. Um die Potenz a^m zu bilden, wird hierauf der Zeiger so weit geschwenkt, daß das Lineal auf ihm den Wert a abgrenzt. Fig. 20.

Dann wird der Rahmen (oder Kreis) so gedreht, daß das Lineal senkrecht auf der eben erhaltenen Zeigerrichtung steht. Nachdem das Lineal an den Punkt a herangeschoben, wird der Zeiger in die Nullrichtung zurückgedreht. Das Lineal schneidet jetzt auf dem Zeiger den Wert a^2 ab.

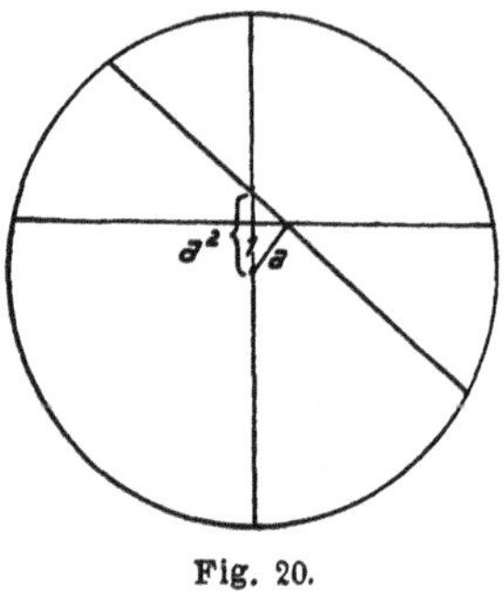

Fig. 20.

Durch Wiederholung des Verfahrens, das sich an bekannte graphische Methoden anlehnt, erhält man a^3, a^4 usw.

Bei dieser Verwendung des Instrumentes wäre ein zweiter Zeiger erwünscht, um das wiederholte Hin- und Herschwenken des Zeigers zu vermeiden. Doch kann das Potenzieren einfacher auf logarithmischem Wege erfolgen. Vgl. § 16.

2. Ausziehen von Quadratwurzeln. Fig. 21.

a) Es ist $2\sqrt{ab} = (a - b)^{a\frac{+b}{90}}$ und $2\sqrt{a} = (a - 1)^{a\frac{+1}{90}}$

b) Noch schnellere und unter Umständen genauere Ablesungen gestattet das nachstehende Verfahren. Der Rahmen befinde sich in beliebiger Lage. Das Lineal wird so weit über den Teilkreis hinweggeschoben, daß die Strecke $a + b$ auf ihm abgegrenzt wird. Hierauf dreht man den Zeiger so, daß er durch den Grenzpunkt zwischen a und b hindurchgeht und stellt diesen Punkt auf dem Zeiger ein. Sodann dreht man den Rahmen (oder Kreis) so, daß das Lineal senkrecht zum Zeiger an den dort eingestellten Punkt herangeschoben wird.

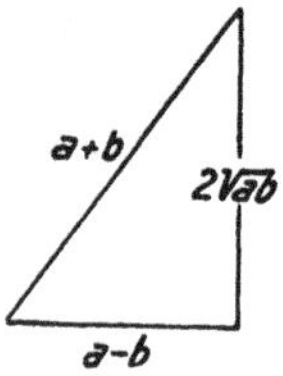

Fig. 21.

Das Lineal ergibt jetzt zwischen dem Punkt und dem Teilkreis die Strecke $x = \sqrt{ab}$ entsprechend der für den Grenzpunkt zwischen a und b geltenden Gleichung $x^2 = ab$.

§ 16. Exponentialfunktionen und logarithmische Rechnungen.

1. Die logarithmische Teilung am Instrument.

Das Vektorinstrument wird zum universalen Recheninstrument durch eine Einrichtung, die es befähigt, auch Exponentialfunktionen einschl. der Hyperbelfunktionen zu ermitteln und logarithmische Rechnungen durchzuführen.

Hierfür ist im ersten Quadranten des Teilkreises an dessen innerem Rand noch eine logarithmische Teilung vorgesehen.

Die Basis der hier aufgetragenen Logarithmen ist $\varepsilon = e^{\frac{\pi}{180}}$ auf Grund folgender Erwägungen.

Bei der überwiegenden Zahl der praktischen Anwendungen werden die Winkel in Graden, nicht in Bogenmaß gemessen. Die trigonometrischen Winkelfunktionen sind aber genau dieselben Funktionen wie die Hyperbelfunktionen, nur daß die trigonometrischen Funktionen ein imaginäres Argument, die Hyperbelfunktionen ein reelles Argument haben.

Es ist daher zweckmäßig, um für Zahlenrechnungen völlige Einheitlichkeit zu erhalten, auch die Hyperbelfunktionen in Graden, nicht in Bogenmaß zu messen.

Dann wird

$$\sin \varphi^0 = \frac{\varepsilon^{i\varphi^0} - \varepsilon^{-i\varphi^0}}{2i} \quad \text{und} \quad \mathfrak{Sin}\,\varphi^0 = \frac{\varepsilon^{\varphi^0} - \varepsilon^{-\varphi^0}}{2}, \quad \text{und ferner}$$

$$\cos \varphi^0 = \frac{\varepsilon^{i\varphi^0} + \varepsilon^{i\varphi^0}}{2} \quad \text{und} \quad \mathfrak{Cos}\,\varphi^0 = \frac{\varepsilon^{\varphi^0} + \varepsilon^{-\varphi^0}}{2}, \quad \text{wo } \varepsilon = e^{\frac{\pi}{180}} \text{ ist.}$$

Solange man in Buchstaben rechnet, tut man gut, das Bogenmaß und die Zahl e beizubehalten. Dann hat man beim Übergang zur Zahlenrechnung in den Exponentialausdrücken nur nötig, statt e den Wert ε einzuführen und nun mit Graden weiterzurechnen.

Nachdem so dem die ganze Analysis beherrschenden Parallelismus zwischen den imaginären und reellen Exponentialfunktionen Genüge getan ist, wenden wir uns zu den Einzelheiten der erwähnten logarithmischen Teilung am Innenrand des Teilkreises.

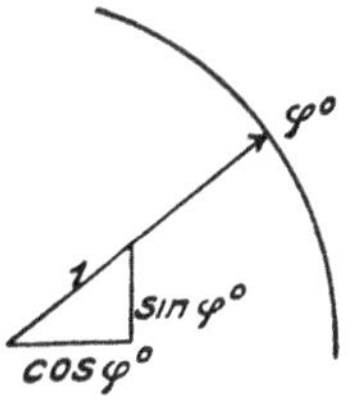

Fig. 22.

Aus $\varepsilon^{i\varphi} = \cos \varphi + i \sin \varphi$ (φ in Graden) folgt $i\varphi = \overset{\varepsilon}{\log} (\cos \varphi + i \sin \varphi)$.

Zeichnet man jetzt (Fig. 22) das rechtwinklige Dreieck mit der Hypotenuse 1 und den Katheten $\cos \varphi$ und $\sin \varphi$, so zeigt die Hypotenuse auf den Grad φ des Teilkreises.

Zeichnet man ferner entsprechend der Gleichung $\mathfrak{Cos}^2 \varphi - \mathfrak{Sin}^2 \varphi = 1$ das rechtwinklige Dreieck mit der Hypotenuse $\mathfrak{Cos}\,\varphi^0$, der Abszisse 1 und der Ordinate $\mathfrak{Sin}\,\varphi^0$, so zeigt die Hypotenuse auf den Wert φ^0 der logarithmischen Teilung. Denn es ist gemäß

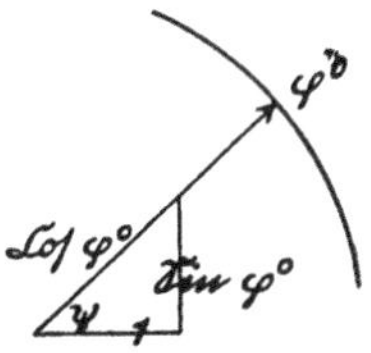

Fig. 23.

$$\varepsilon^{\varphi^0} = \mathfrak{Cos}\,\varphi^0 + \mathfrak{Sin}\,\varphi^0$$

auch

$$\varphi^0 = \overset{\varepsilon}{\log} (\mathfrak{Cos}\,\varphi^0 + \mathfrak{Sin}\,\varphi^0).$$

Vgl. hierzu Fig. 23.

Nennt man in letzterem Falle denjenigen Winkel, der der logarithmischen Richtung φ^0 entspricht, ψ, so ist $\operatorname{tg} \psi^0 = \mathfrak{Sin}\,\varphi^0$ und $\sin \psi^0 = \mathfrak{Tang}\,\varphi^0$. ψ ist also die als Gudermannscher oder Lambertscher Winkel bekannte Hyperbelamplitude, für deren Werte Forti und Ligowski ausführliche Tafeln gegeben haben.

Will man φ aus ψ berechnen, so hat man zunächst aus

$$\begin{cases} \operatorname{tg} \psi = \mathfrak{Sin}\, \varphi \\ \sin \psi = \mathfrak{Tang}\, \varphi \end{cases} \text{ die Gleichung } \frac{1}{\cos \psi} = \mathfrak{Cos}\, \varphi, \text{ mithin}$$

$$\mathfrak{Cos}\, \varphi + \mathfrak{Sin}\, \varphi = \frac{1}{\cos \psi} + \frac{1}{\operatorname{tg} \psi} = \varepsilon^{\varphi} = \frac{1 + \sin \psi}{\cos \psi} = \operatorname{tg}\left(45^0 + \frac{\psi}{2}\right)$$

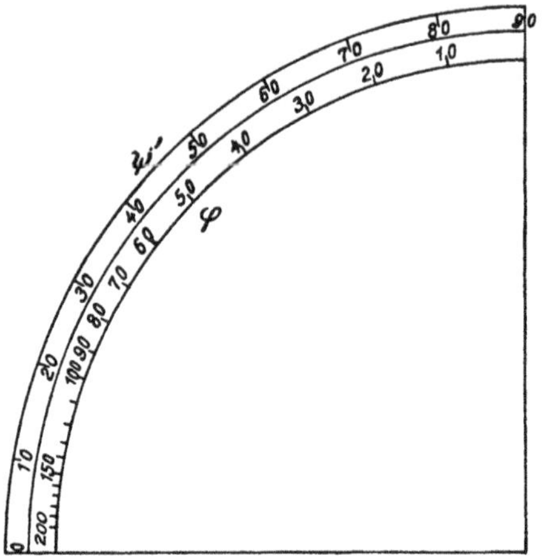

Fig. 24.

und $\varphi^0 = \overset{\varepsilon}{\log} \operatorname{tg}\left(45^0 + \frac{\psi}{2}\right)$, oder, falls man setzt $\psi' = 90 - \psi$,

$$\varphi^0 = \overset{\varepsilon}{\log} \operatorname{ctg} \frac{\psi'}{2}.$$

Fig. 24 gibt ein Bild von der logarithmischen Einteilung am Innenrande des ersten Quadranten. Dem Wert $\psi' = 90 - \psi$ entspricht der Wert φ. Für $\psi = 0$ ist $\psi' = 90$ und $\varphi = 0$. Zuerst von 0 beginnend, stimmen die Werte von ψ und φ annähernd überein. Allmählich wachsen die Werte von φ immer schneller an, so daß schließlich φ für $\psi = 90^0$ oder $\psi' = 0$ unendlich groß wird.

2. Die verschiedenen Ablesungen an der Innenteilung.

a) Ablesen der Hyperbelfunktionen. Gegeben sei in Graden das Argument φ, gesucht $\mathfrak{Sin}\, \varphi^0$, $\mathfrak{Cos}\, \varphi^0$, ε^{φ^0}, $\mathfrak{Tang}\, \varphi^0$ usw.

Man stellt den Zeiger auf den Wert φ der Innenteilung, während Rahmen und Lineal in Nullage sind. Hierauf schiebt man das Lineal an den Punkt 1 des Rahmens heran. Dann erscheint auf dem Zeiger $\mathfrak{Cos}\, \varphi$, auf dem Lineal $\mathfrak{Sin}\, \varphi$,

die Summe beider Werte ist $\mathfrak{Cos}\, \varphi + \mathfrak{Sin}\, \varphi = \varepsilon^{\varphi}$,

» Differenz » » » $\mathfrak{Cos}\, \varphi - \mathfrak{Sin}\, \varphi = \varepsilon^{-\varphi}$,

der Quotient $\dfrac{\mathfrak{Sin}\, \varphi}{\mathfrak{Cos}\, \varphi} = \mathfrak{Tang}\, \varphi$.

b) Ablesen der inversen Hyperbelfunktionen. Ist z. B. $\mathfrak{Sin}\, \varphi$ gegeben, so liest man umgekehrt φ an der Innenteilung ab, ebenso, falls $\mathfrak{Cos}\, \varphi$ gegeben ist. Ist gegeben $\mathfrak{Tang}\, \varphi = x$, so liest man φ^0 entsprechend Fig. 25 ab.

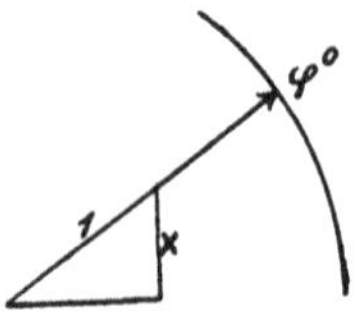

Fig. 25.

Ist gegeben $\varepsilon^{\varphi} = m$, so dreht man, während das Lineal am Punkt 1 des Rahmens anliegt, den Zeiger so, daß die Summe der Werte am Zeiger und Lineal, also $\mathfrak{Cos}\, \varphi + \mathfrak{Sin}\, \varphi$, gleich m wird. Will man dieses Probieren beim Einstellen vermeiden, so verfährt man wie folgt.

Man schiebt das Lineal an den Punkt 1 des Rahmens heran, hierauf dreht man den Zeiger nach dem Wert m des Lineals. Der Winkel $\frac{\psi'}{2}$ an der Außenteilung wird dann durch Schwenken des Zeigers verdoppelt. Der Zeiger ergibt jetzt an der Innenteilung den Wert $\varphi = \overset{\varepsilon}{\log}\, m$ (Fig. 26).

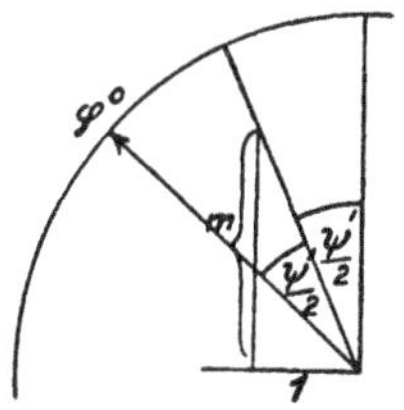

Fig. 26.

Beweis. Es ist $\operatorname{ctg} \frac{\psi'}{2} = m$, also

$$\operatorname{ctg} \psi' = \frac{m^2 - 1}{m} = \frac{m - \frac{1}{m}}{2} \text{ oder,}$$

$$\text{da } \varepsilon^{\varphi} = m, = \frac{\varepsilon^{\varphi} - \varepsilon^{-\varphi}}{2} = \mathfrak{Sin}\, \varphi = \operatorname{tg} \psi.$$

Mithin zeigt in der Tat die verdoppelte Richtung $\frac{\psi'}{2}$ auf den logarithmischen Wert φ^0.

3. Logarithmische Rechnungen.

Da man nach vorstehendem den Logarithmus φ einer Zahl m für die Basis ε ablesen kann und umgekehrt zu einem Logarithmus φ den Numerus $\varepsilon^{\varphi} = m$, so kann man auch alle Potenzierungen, Radizierungen und sonstigen logarithmischen Rechnungen ausführen. Hierbei ist zu bedenken, daß bei der vektoriellen Rechenweise der Umfang der logarithmischen Rechnungen erheblich eingeschränkt ist. Denn es fallen ja alle logarithmisch-trigonometrischen Rechnungen fort, da für die trigonometrischen Aufgaben die Ablesungen der vektoriellen Dreiecksrechnung ausreichen.

Es bleibt daher nur noch übrig, einige Winke für die praktische Zahlenrechnung hinzuzufügen.

Es empfiehlt sich, am Instrument nur die Logarithmen der Zahlen 1 bis 10 abzulesen. Ist z. B. abzulesen $\overset{\varepsilon}{\log}\, 21{,}3$, so liest man ab

$$\overset{\varepsilon}{\log}\, 2{,}13 \cdot 10 = \overset{\varepsilon}{\log}\, 2{,}13 + \overset{\varepsilon}{\log}\, 10.$$

Es ist aber $\overset{\varepsilon}{\log}\, 10 = \frac{180}{\pi} \ln 10 = 131{,}9$ oder (für Ablesen auf 3 Stellen) $= 132$. $\overset{\varepsilon}{\log}\, 2{,}13$ wird auf etwa 3 Stellen genau am Instrument abgelesen, und man erhält $\overset{\varepsilon}{\log}\, 21{,}3 = 43{,}3 + 132 = 175$.

Soll umgekehrt der Logarithmus einer Zahl < 1 gefunden werden, z. B. $\overset{\varepsilon}{\log}\, 0{,}213$, so bildet man

$$\overset{\varepsilon}{\log} \frac{2{,}13}{10} = \overset{\varepsilon}{\log}\, 2{,}13 - \overset{\varepsilon}{\log}\, 10 = 43{,}3 - 132 = -89.$$

Soll zu einem Werte φ, der größer ist als 132, der Numerus gesucht werden, so zieht man die Zahl 132 oder, falls möglich, mehrmals diese Zahl ab und sucht den Numerus zu dem Restwert von φ. Es sei z. B. gesucht der Numerus zu 175. Man sucht den Numerus zur Zahl $175 - 132 = 43$ und erhält 2,13. Folglich ist der Numerus von 175 gleich der Zahl $10 \cdot 2{,}13 = 21{,}3$.

Ist der Numerus zu einem negativen Logarithmus zu finden, z. B. zu —89, so zählt man ein Vielfaches von 132 zu, so daß eine positive Zahl < 132 herauskommt. Zu dieser Zahl sucht man den Numerus, z. B. zu $-89 + 132 = 43$. Daher ist der Numerus von — 89 gleich $\frac{2{,}13}{10} = 0{,}213$.

§ 17. Die Hyperbelvektoren.

Bisher wurden nur Vektoren betrachtet von der Form $a\varepsilon^{i\alpha} = a(\cos\alpha + i\sin\alpha)$, wo α in Graden gerechnet wurde. Diese Vektoren haben die Eigentümlichkeit, daß ihre Endpunkte bei gleichem gemeinsamem Anfangspunkt und gleicher Länge a sämtlich auf demselben Kreise liegen. Man kann sie daher zum Unterschied von andern Vektoren als zyklische bezeichnen.

Es gibt in der Ebene noch eine andere wichtige Art von Vektoren, nämlich diejenigen, deren Endpunkte bei gemeinsamem Anfang und gleicher Länge der Vektoren sämtlich auf derselben gleichseitigen Hyperbel liegen. Wir nennen sie daher »hyperbolische« Vektoren. Ebenso wie die zyklischen Vektoren bei veränderlichem a und α die ganze Ebene mit ihren Endpunkten bedecken, ist dies auch bei den Hyperbelvektoren der Fall.

Die hyperbolischen Vektoren haben die Form

$$a\varepsilon^{j\alpha} = a(\mathfrak{Cos}\,\alpha + j\,\mathfrak{Sin}\,\alpha).$$

Hierbei gilt für α die hyperbolische Gradeinteilung, die im vorhergehenden Paragraphen erörtert wurde. Die Größe j ist die Zahl ± 1, also der Inbegriff der positiven und negativen Einheit. Die Zahl j ist auf der reellen Achse der Zahlen nicht vorhanden, da auf dieser jeder Punkt nur einen Wert hat. Sie liegt also ebenso wie die Zahl i außerhalb der reellen Achse. Man kann sich am einfachsten vorstellen, daß die zyklischen Vektoren die obere Fläche der Zahlenebene, die hyperbolischen Vektoren die untere Fläche dieser Ebene bedecken. Man hat sich dabei die Zahlenebene wie ein großes Papierblatt zu denken.

In der Fig. 27 gibt der Punkt P_1 den Vektor $a\varepsilon^{j\alpha}$, der Spiegelpunkt P_2 den Vektor $a\varepsilon^{-j\alpha}$. Der Winkel QOR ist die Hyperbelamplitude.

Auch jede Zahl von der Form $c + jd$ ist ein Hyperbelvektor. Die Umwandlung in die Polarform $a\varepsilon^{j\alpha}$ geschieht derart, daß man $c + jd$ vergleicht mit $a\,\mathfrak{Cos}\,\alpha + ja\,\mathfrak{Sin}\,\alpha$.

Es folgt hieraus

$$a = \sqrt{c^2 - d^2} \text{ und } \mathfrak{Tang}\,\alpha = \frac{d}{c} \text{ oder } \mathfrak{Sin}\,\alpha = \frac{d}{a},\ \mathfrak{Cof}\,\alpha = \frac{c}{a}.$$

Ist $d > c$, so schreibt man für $c + jd$ den Ausdruck $j(d + jc)$; dadurch geht der Hyperbelvektor über in $ja\varepsilon^{j\alpha}$. Es ist nämlich $c + jd = j(d + jc)$, da $j^2 = 1$.

Nach diesen Vorbetrachtungen können wir angeben, in welcher Weise die Hyperbelvektoren die Ebene überdecken. Fig. 28 gibt davon ein Bild.

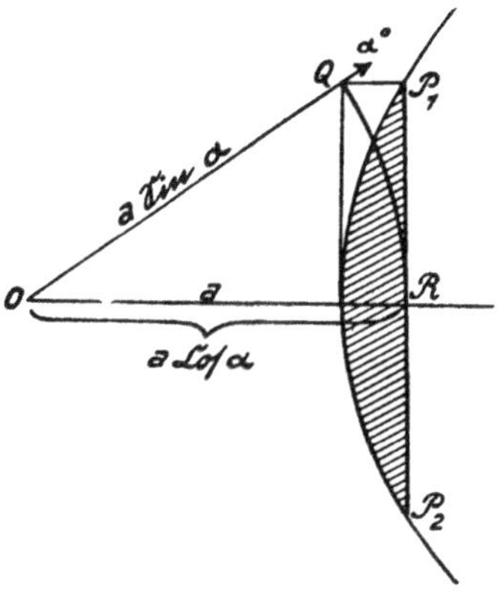

Fig. 27.

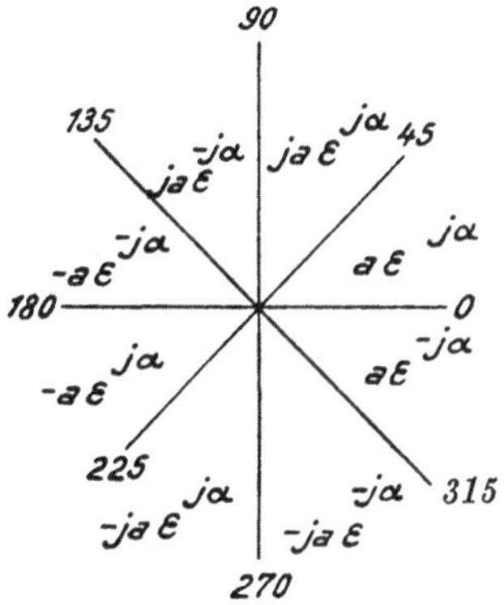

Fig. 28.

Die Hyperbelvektoren treten in der Algebra zuerst bei der Lösung der quadratischen Gleichungen auf. Ganz ebenso wie die Kreisvektoren lassen sie sich geometrisch addieren, subtrahieren, multiplizieren und dividieren. Das Produkt zweier solcher Vektoren ist wieder ein Hyperbelvektor, desgleichen der Quotient. Die Grundrechnungen können daher mit Hyperbelvektoren genau so ausgeführt werden, wie mit reellen oder mit gewöhnlichen komplexen Zahlen.

Zwar ist das Produkt $(1 + j)(1 - j) = 0$, ohne daß einer der beiden Faktoren Null zu sein braucht. Durch diesen Ausnahmefall wird aber die Möglichkeit, mit den Hyperbelvektoren zu rechnen, nicht weiter beeinträchtigt.

Der Kürze halber bezeichnen wir den Vektor $a\varepsilon^{j\alpha}$ mit $\underset{\alpha}{a} = A$, wobei wieder $a = |A|$, $\alpha = |A|$ ist. Zahlenbeispiel: Der Vektor sei $5 + j4$, dann ist

$$a = \sqrt{25 - 16} = 3,\ \mathfrak{Sin}\,\alpha = \frac{4}{3},\ \mathfrak{Cof}\,\alpha = \frac{5}{3}. \text{ Die Ablesung gibt } \alpha = 63^0,$$

$$\text{also } 5 + j4 = 3\,\varepsilon^{j63} = \underset{63}{3}$$

Die Werte $3 = |5 + j4$ und $63 = |5 + j4|$ lassen sich sofort ablesen. Das Instrument gestattet also unmittelbar die Umwandlung der Hyperbelvektoren in die Polarform und umgekehrt.

Ist zu ermitteln der Vektor $-4 + j5$ in Polarform, dann bildet man $j(5 - j4) = j3_{-63}$.

Soll die Summe gebildet werden $a_\alpha + b_\beta$, so bildet man am Instrument

$$\begin{cases} a \operatorname{Cof} \alpha \\ a \operatorname{Sin} \alpha \end{cases} \text{und} \quad \begin{matrix} b \operatorname{Cof} \beta \\ b \operatorname{Sin} \beta \end{matrix}$$

und somit den neuen Vektor

$$a \operatorname{Cof} \alpha + b \operatorname{Cof} \beta + j(a \operatorname{Sin} \alpha + b \operatorname{Sin} \beta),$$

den man auf die Form c_γ bringt.

Die Subtraktion führt man ebenso aus.

Die Multiplikation der Vektoren a_α und b_β gibt ohne weiteres

$$a_\alpha \cdot b_\beta = ab_{\alpha+\beta}, \text{ ebenso die Division } \frac{a_\alpha}{b_\beta} = \left(\frac{a}{b}\right)_{\alpha-\beta}.$$

Sind die Vektoren in Koordinatenform gegeben, so bildet man zuerst die Polarform und dann das Produkt.

Da hiernach das Vektorinstrument auch die Rechnung mit Hyperbelvektoren ermöglicht, so mögen hier noch einige Bemerkungen über solche Vektoren Platz finden.

Die Funktion eines Hyperbelvektors ist im allgemeinen wieder ein solcher Vektor. Z. B.:

$$\sqrt{a + jb} = \sqrt{\frac{\sqrt{a^2 - b^2} + a}{2}} + j\sqrt{\frac{-\sqrt{a^2 - b^2} + a}{2}}$$

oder $(\operatorname{Cof} \varphi + j \operatorname{Sin} \varphi)^m = \operatorname{Cof} m\varphi + j \operatorname{Sin} m\varphi$.

Die Funktion $F(Z) = F(x + jy) = W = u + jv$ ergibt die konforme Abbildung des Punktes $x + jy$ auf der W-Ebene. So z. B. bildet die Funktion $\frac{1}{Z} = W$ gleichseitige Hyperbeln der Z-Ebene durch Spiegelung in gleichseitige Hyperbeln der W-Ebene ab.

Ist ferner Z ein Hyperbelvektor, so gilt in der hyperbolischen Ebene für einen geschlossenen Linienzug, der keine Ausnahmepunkte umschließt, der Cauchysche Integralsatz

$$\int_C f(Z)\, dZ = 0.$$

§ 18. Die Vektorkoordinaten.

Die Gleichung jeder ebenen Kurve $f(x, y) = 0$ läßt sich auf folgende Weise durch Vektoren darstellen: Man setzt

$$Z = x + iy \text{ und}$$

$$\overline{Z} = x - iy, \text{ also } x = \frac{Z + \overline{Z}}{2} \text{ und } y = \frac{Z - \overline{Z}}{2i}.$$

Führt man diese Werte für x und y in die Gleichung der Kurve ein, so ergibt sich die neue Gleichung in Vektorkoordinaten. Z. B. wird aus der Gleichung der Graden $x \cos a + y \sin a = p$ die Vektorgleichung

$$Z_{-a} + \overline{Z}_{a} = 2\,p.$$

Diese Vektorgleichung der Graden ist für die Praxis, z. B. für die Geodäsie, wichtig. Denn falls die Richtung a und p gegeben sind, ist die Gleichung selbst gegeben, ohne daß man trigonometrische Funktionen aufzusuchen oder sonstige Nebenrechnungen auszuführen hätte.

Die Gleichung des Kreises, bezogen auf den Mittelpunkt als Anfang, wird $Z\overline{Z} = r^2$ aus $x^2 + y^2 = r^2$.

Für solche Kurvengleichungen in Vektorkoordinaten gilt folgendes:

1. Die Gleichung in Vektorkoordinaten hat denselben Grad wie die Gleichung $f(x, y)$. Denn die Transformationsgleichungen für x und y sind linear.

2. Bildet man zu der Vektorgleichung die zugleich mit ihr gültige konjugierte Gleichung, so erhält man wieder dieselbe Gleichung. Z. B. ist zu der Gleichung der Graden

$Z_{-a} + \overline{Z}_{a} = 2\,p$ die konjugierte Gleichung offenbar

$\overline{Z}_{a} + Z_{-a} = 2\,p$, das heißt, die Gleichung ist sich selbst konjugiert.

Der Beweis beruht auf folgender Erwägung: Erhielte man als konjugierte Gleichung eine neue, von der ursprünglichen unabhängige Vektorgleichung, so könnte man aus ihr in Verbindung mit der ersten Gleichung die Werte von Z und $\overline{Z}$ bestimmen. Diese Größen hätten dann also ganz bestimmte Werte, während sie doch als Koordinaten völlig unbestimmte Werte behalten müssen.

3. Die Vektorgleichung ist gegenüber irgendwelchen Drehungen des Koordinatensystems invariant, falls der Anfangspunkt des Koordinatensystems derselbe bleibt.

Denn bei einer beliebigen Drehung etwa um den Winkel φ entstehen aus den Vektoren Z und $\overline{Z}$ die Vektoren Z_{φ} und $\overline{Z}_{-\varphi}$ als neue Vektorkoordinaten oder Z' und $\overline{Z}'$, während sonst die Gleichung unverändert bleibt.

4. Sind 2 Kurven gegeben, und man sucht ihre Schnittpunkte, so ergeben sich die Vektoren der Schnittpunkte aus den beiden Vektorgleichungen:

$$F(Z, \overline{Z}) \text{ und } f(Z, \overline{Z}).$$

Beispiel. Zur Erläuterung wählen wir die Pothenotsche Aufgabe.

Aus der allgemeinen Gleichung des Kreises $(x - a)^2 + (y - b)^2 = r^2$ entsteht die Gleichung in Vektorkoordinaten

$$Z\overline{Z} - \overline{C}Z - C\overline{Z} = r^2 - c^2, \text{ wo } C = a + i\,b.$$

Die drei Festpunkte seien P (als Anfang), P_1 und P_2. Z sei der Neupunkt, ferner C und D die Vektoren der beiden Mittelpunkte M_1 und M_2 der Kreise um PZP_1 und um PZP_2 (Fig. 29).

Dann wird, da

$|C| = r_1$ und $|D| = r_2$ ist, $Z\bar{Z} - \bar{C}Z - C\bar{Z} = 0$ und $Z\bar{Z} - \bar{D}Z - D\bar{Z} = 0$.

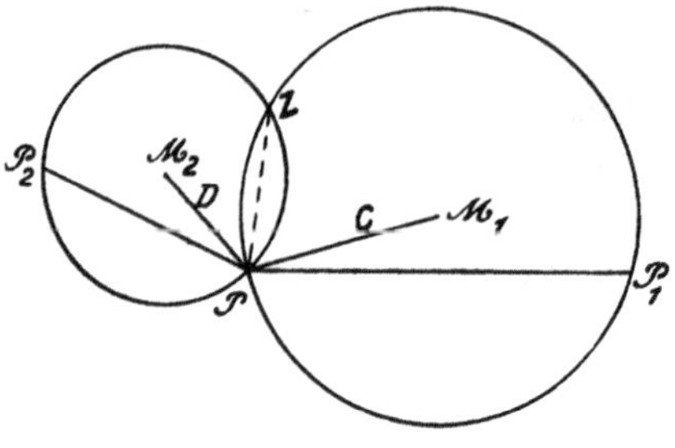

Fig. 29.

Hieraus folgt zunächst

$$\frac{Z}{\bar{Z}} = -\frac{C - D}{\bar{C} - \bar{D}},$$

d. h. der Vektor Z steht, wie auch die geometrische Anschauung lehrt, senkrecht auf der Zentrale $M_1 M_2$.

Ersetzt man $\bar{Z}$ durch Z und beachtet, daß Z = 0 ein Wert von Z ist, da der Anfangspunkt P gleichzeitig einer der Kreisschnittpunkte ist, so folgt:

$$Z = \frac{\bar{C}D - C\bar{D}}{\bar{C} - \bar{D}}$$

Dieser Wert läßt sich am Instrument ablesen. Er besagt, daß Z der doppelte Höhenvektor des Dreiecks $M_1 M_2 P$ ist.

5. Statt der zyklischen Vektoren kann es unter Umständen zweckmäßig sein, hyperbolische einzuführen mittels der Substitutionen:

$$Z = x + j\,y \text{ und } \bar{Z} = x - j\,y, \text{ also}$$

$$x = \frac{Z + \bar{Z}}{2} \quad \text{und} \quad y = \frac{Z - \bar{Z}}{2j}$$

So z. B. ist in hyperbolischen Vektorkoordinaten die Gleichung der gleichseitigen Hyperbel, bezogen auf den Mittelpunkt,

$$Z\bar{Z} = r^2.$$

§ 19. Die Funktionen komplexer Größen.

Die vektorielle Rechnung erleichtert die zahlenmäßige Ermittlung der Funktionen komplexer Größen. Die Schwierigkeiten, die sonst für die Rechenpraxis beim Durchgang durch das Imaginäre auftreten, werden auf diese Weise ausgeschaltet.

Bei dieser Gelegenheit sei z. B. nur an die verwickelten Ausdrücke erinnert, die man erhält, wenn man etwa arc sin $(x + iy)$ oder arc tg $(x + iy)$ nach den gewöhnlichen Regeln der Algebra berechnet.

1. Die beliebige Potenz einer komplexen Größe $x + iy = z$.

Es sei $(x + iy)^m = Z^m = W$. Diese Aufgabe ist bereits behandelt worden und wird hier nur noch der Vollständigkeit wegen erwähnt.

Verwandelt man mit Hilfe des Instruments

$$x + i\,y \text{ in } Z = z_\zeta, \text{ so ist } W = w_\omega = z^m_{m\zeta}.$$

Dabei kann m eine beliebige reelle Zahl sein einschließlich der negativen und gebrochenen Werte.

2. Der Logarithmus einer Zahl

$$x + i\,y = Z = z_\zeta = z\,\varepsilon^{i\zeta} = z\,\varepsilon^{i\zeta + k\,i\,360}.$$

Offenbar ist

$$\overset{\varepsilon}{\log} Z = \log z + i\,(\zeta + k\,360) = \overset{\varepsilon}{\log} |Z| + i\,(||Z|| + k\,360).$$

Dabei kann k jede ganze positive oder negative Zahl sein.

3. Der Sinus einer komplexen Zahl.

$$\sin(x + i\,y) = \sin Z = \frac{\varepsilon^{i(x+iy)} - \varepsilon^{-i(x+iy)}}{2\,i} = -\frac{i}{2}\,(\varepsilon_x^{-y} - \varepsilon^y_{-x}).$$

Zunächst wird der Wert $\varepsilon^y = \mathfrak{Cof}\,y + \mathfrak{Sin}\,y$ und zugleich $\varepsilon^{-y} = \mathfrak{Cof}\,y - \mathfrak{Sin}\,y$ abgelesen (oder aus einer Tafel entnommen).

Hierauf wird der Vektor $\varepsilon_x^{-y} - \varepsilon^y_{-x}$ am Instrument gebildet (oder konstruiert). Die Größen x und y sind in Graden angenommen.

4. Der Kosinus einer komplexen Zahl.

Es wird

$$\cos(x + i\,y) = \cos Z = \frac{1}{2}\,(\varepsilon_x^{-y} + \varepsilon^y_{-x}) \text{ und}$$

5. der Tangens:

$$\operatorname{tg}(x + i\,y) = \operatorname{tg} Z = -\,i\,\frac{(\varepsilon_x^{-y})^2 - 1}{(\varepsilon_x^{-y})^2 + 1}.$$

6. Die Hyperbelfunktionen einer komplexen Größe:

$$\mathfrak{Sin}\,(x + i\,y) = \frac{\varepsilon^{x+iy} - \varepsilon^{-(x+iy)}}{2} = \frac{\varepsilon^x_y - \varepsilon^{-x}_{-y}}{2} \text{ und}$$

$$\mathfrak{Cof}\,(x + i\,y) = \frac{\varepsilon^x_y + \varepsilon^{-x}_{-y}}{2} \text{ und}$$

$$\mathfrak{Tang}\,(x + i\,y) = \frac{(\varepsilon^x_y)^2 - 1}{(\varepsilon^x_y)^2 + 1}.$$

7. Die umgekehrten Kreis- und Hyperbelfunktionen.

a) Gesucht $\operatorname{arc\,tg}(x + i\,y) = \operatorname{arc\,tg} Z = W$. Hierbei ist die gesuchte Größe W ein komplexer Winkel, in Gradmaß gemessen. Es wird

$$\operatorname{tg} W = -\,i\,\frac{\varepsilon^{2W} - 1}{\varepsilon^{2W} + 1} = Z.$$

Daher

$$2\,i\,W = \overset{\varepsilon}{\log}\left|\frac{1+i\,Z}{1-i\,Z}\right| + i\left\{\left\|\frac{1+i\,Z}{1-i\,Z}\right\| + k\,360\right\}$$

b) Gesucht arc sin $(x+iy) = \text{arc sin}\,Z = W$, also

$$\sin W = \frac{\varepsilon^{iW} - \varepsilon^{-iW}}{2\,i} = Z,$$

daher

$$i\,W = \overset{\varepsilon}{\log}\left|\sqrt{1-Z^2} + i\,Z\right| + i\left\{\left\|\sqrt{1-Z^2} + i\,Z\right\| + k\,360\right\}$$

c) In gleicher Weise wird

$$i\,\text{arc cos}\,Z = i\,W = \overset{\varepsilon}{\log}\left|\sqrt{Z^2-1} + Z\right| + i\left\{\left\|\sqrt{Z^2-1} + Z\right\| + k\,360\right\}$$

$$2\,\mathfrak{Ar}\,\mathfrak{Tang}\,Z = \overset{\varepsilon}{\log}\left|\frac{1+Z}{1-Z}\right| + i\left\{\left\|\frac{1+Z}{1-Z}\right\| + k\,360\right\}$$

$$\mathfrak{Ar}\,\mathfrak{Sin}\,Z = \overset{\varepsilon}{\log}\left|\sqrt{Z^2+1} + Z\right| + i\left\{\left\|\sqrt{Z^2+1} + Z\right\| + k\,360\right\}$$

$$\mathfrak{Ar}\,\mathfrak{Cof}\,Z = \overset{\varepsilon}{\log}\left|\sqrt{Z^2-1} + Z\right| + i\left\{\left\|\sqrt{Z^2-1} + Z\right\| + k\,360\right\}$$

Zahlenbeispiel:

$$\cos W^0 = 3 + 4\,i = 5_{53}, \quad \text{daher } i\,W^0 = \overset{\varepsilon}{\log}\left|\sqrt{25_{106}-1} + 5_{53}\right| +$$
$$+\, i\left\{\left\|\sqrt{25_{106}-1} + 5_{53}\right\| + k\,360\right\} = \overset{\varepsilon}{\log}\left|5{,}05_{54} + 5_{53}\right| +$$
$$+\, i\left\{\left\|5{,}05_{54} + 5_{53}\right\| + k\,360\right\} = \overset{\varepsilon}{\log}\,10{,}5 + i\left\{53{,}5 + k\,360\right\} =$$
$$= 135 + i\left\{53{,}5 + k\,360\right\}.$$

Wollte man arc cos $(3+4i)$ in der üblichen Weise berechnen, so hätte man statt der einfachen Vektorformel folgende Berechnung

$$\frac{\pi}{180}\,W^0 = \text{arc cos}\,(3+4\,i) = \text{arc cos}\,T - i\,ln\,(S + \sqrt{S^2-1}) + k\cdot 2\,\pi,$$

wo

$$S = \frac{1}{2}\left\{\sqrt{(1+3)^2+4^2} + \sqrt{(1-3)^2+4^2}\right\} \quad \text{und}$$

$$T = \frac{1}{2}\left\{\sqrt{(1+3)^2+4^2} - \sqrt{(1-3)^2+4^2}\right\}$$

§ 20. Die linearen Gleichungen.

1. 2 Gleichungen mit 2 Unbekannten

$$a_1\,x + b_1\,y = l_1. \quad \text{Wir bilden} \quad a_1 + i\,a_2 = a_\alpha$$
$$a_2\,x + b_2\,y = l_2 \qquad\qquad b_1 + i\,b_2 = b_\beta$$
$$l_1 + i\,l_2 = L.$$

Multipliziert man die zweite gegebene Gleichung mit i und addiert sie zur ersten, so entsteht $x a_\alpha + y b_\beta = \mathrm{L}$. Daraus folgt:

bei gemeinsamer Ablesung (oder Konstruktion)

$$\left\{\begin{aligned} x &= \frac{\mathrm{L}\,\overset{\beta}{\widetilde{\alpha}}}{a} \\ y &= \frac{\mathrm{L}\,\overset{\alpha}{\widetilde{\beta}}}{b} \end{aligned}\right.$$

Zahlenbeispiel:

$$\begin{aligned} 4{,}99\,x + 2{,}08\,y &= 0{,}97 \\ 1{,}03\,x + 3{,}09\,y &= 6{,}98 \end{aligned} \qquad \left|\; \begin{aligned} a_\alpha &= 5{,}1_{11} \\ b_\beta &= 3{,}6_{303} \\ \mathrm{L} &= 7{,}1_{82} \end{aligned}\right.$$

$$x = \frac{7{,}1_{82}\,\overset{303}{\widetilde{11}}}{5{,}1} = 1$$

$$y = \frac{7{,}1_{82}\,\overset{11}{\widetilde{303}}}{3{,}6} = -2.$$

2. Die vektorielle Auflösung von 2 linearen Gleichungen wendet man zweckmäßig auch auf Systeme linearer Gleichungen an.

Es sei

$$\begin{aligned} a_1 x + b_1 y + c_1 z + d_1 u \ldots &= l_1 \\ a_2 x + b_2 y + c_2 z + d_2 u \ldots &= l_2 \\ a_3 x + b_3 y + c_3 z + d_3 u \ldots &= l_3 \\ \ldots\ldots\ldots\ldots \end{aligned}$$

Wir bilden

$$a_1 + i a_2 = a_\alpha \qquad c_1 + i c_2 = \mathrm{C}$$
$$b_1 + i b_2 = b_\beta \qquad d_1 + i d_2 = \mathrm{D}$$
$$l_1 + i l_2 = \mathrm{L}$$

Dann entsteht

$$x + \frac{\mathrm{C}\,\overset{\beta}{\widetilde{\alpha}}}{a} z + \frac{\mathrm{D}\,\overset{\beta}{\widetilde{\alpha}}}{a} u \ldots = \frac{\mathrm{L}\,\overset{\beta}{\widetilde{\alpha}}}{a}$$

$$y + \frac{\mathrm{C}\,\overset{\alpha}{\widetilde{\beta}}}{b} z + \frac{\mathrm{D}\,\overset{\alpha}{\widetilde{\beta}}}{b} u \ldots = \frac{\mathrm{L}\,\overset{\alpha}{\widetilde{\beta}}}{b}.$$

Setzt man diese Werte für x und y in die 3. und 4. usw. Gleichung ein, so folgt:

$$z\left(c_3 - a_3 \frac{\mathrm{C}\,\overset{\beta}{\widetilde{\alpha}}}{a} - b_3 \frac{\mathrm{C}\,\overset{\alpha}{\widetilde{\beta}}}{b}\right) + u\left(d_3 - a_3 \frac{\mathrm{D}\,\overset{\beta}{\widetilde{\alpha}}}{a} - b_3 \frac{\mathrm{D}\,\overset{\alpha}{\widetilde{\beta}}}{b}\right) \ldots\ldots =$$
$$= l_3 - a_3 \frac{\mathrm{L}\,\overset{\beta}{\widetilde{\alpha}}}{a} - b_3 \frac{\mathrm{L}\,\overset{\alpha}{\widetilde{\beta}}}{b}$$

und

$$z\left(c_4 - a_4 \frac{\mathrm{C}\,\overset{\beta}{\widetilde{\alpha}}}{a} - b_4 \frac{\mathrm{C}\,\overset{\alpha}{\widetilde{\beta}}}{b}\right) + u\left(d_4 - a_4 \frac{\mathrm{D}\,\overset{\beta}{\widetilde{\alpha}}}{a} - b_4 \frac{\mathrm{D}\,\overset{\alpha}{\widetilde{\beta}}}{b}\right) \ldots\ldots =$$
$$= l_4 - a_4 \frac{\mathrm{L}\,\overset{\beta}{\widetilde{\alpha}}}{a} - b_4 \frac{\mathrm{L}\,\overset{\alpha}{\widetilde{\beta}}}{b} \quad \text{usw.}$$

Die Werte

$$C^{\alpha}_{\beta},\ D^{\alpha}_{\beta}$$
$$C^{\beta}_{\alpha},\ D^{\beta}_{\alpha}\ \text{usw.}$$

lassen sich leicht ablesen, da die beiden Richtungen α und β konstant bleiben. In dieser Weise kann man mittels einer einzigen übersichtlichen Reduktion immer 2 Unbekannte auf einmal beseitigen.

Bei der nächsten Reduktion verfährt man in derselben Weise. Zugleich folgt aus diesen Formeln ein brauchbares Verfahren zur Ausrechnung von Determinanten. Die Ordnung der Determinante wird bei jeder Reduktion nicht wie sonst um 1, sondern um 2 erniedrigt.

Beispiel:

$$\begin{vmatrix} a_1 & b_1 & c_1 & d_1 \\ a_2 & b_2 & c_2 & d_2 \\ a_3 & b_3 & c_3 & d_3 \\ a_4 & b_4 & c_4 & d_4 \end{vmatrix} = \begin{vmatrix} c_3 - a_3 \frac{C^{\beta}_{\alpha}}{a} - b_3 \frac{C^{\alpha}_{\beta}}{b} & d_3 - a_3 \frac{D^{\beta}_{\alpha}}{a} - b_3 \frac{D^{\alpha}_{\beta}}{b} \\ c_4 - a_4 \frac{C^{\beta}_{\alpha}}{a} - b_4 \frac{C^{\alpha}_{\beta}}{b} & d_4 - a_4 \frac{D^{\beta}_{\alpha}}{a} - b_4 \frac{D^{\alpha}_{\beta}}{b} \end{vmatrix}$$

Zahlenbeispiel:

$$\begin{array}{r|l|ll} 2x - 3y + 4z - u = 4 & a_{\alpha} = 3{,}7_{56} & C^{\beta}_{\alpha} = -0{,}8; & D^{\beta}_{\alpha} = 3{,}7 \\ 3x + y - 2z + 4u = 15 & b_{\beta} = 3{,}2_{163} & C^{\alpha}_{\beta} = -4{,}6; & D^{\alpha}_{\beta} = 3{,}2 \\ x + 2y + z + 2u = 16 & C = 4{,}5_{332} & & \\ -x + 5y + 3z + u = 22 & D = 4{,}1_{104} & L^{\beta}_{\alpha} = 16{,}2 & \\ & L = 15{,}6_{75} & L^{\alpha}_{\beta} = 5{,}2 & \end{array}$$

Daher

$$z\left(1 + 1\cdot\frac{0{,}8}{3{,}7} + 2\cdot\frac{4{,}6}{3{,}2}\right) + u\left(2 - 1\cdot\frac{3{,}7}{3{,}7} - 2\cdot\frac{3{,}2}{3{,}2}\right) =$$
$$= 16 - 1\cdot\frac{16{,}2}{3{,}7} - 2\cdot\frac{5{,}2}{3{,}2}\ \text{usw.}$$

§ 21. Die quadratischen Gleichungen.

Bei der vektoriellen Auflösung der höheren Gleichungen hat man sich zu erinnern, daß gemäß § 16

$$\left\{\begin{array}{l} \dfrac{\varepsilon^{\varphi^0} + \varepsilon^{-\varphi^0}}{2} = \mathfrak{Cof}\,\varphi^0 \\ \dfrac{\varepsilon^{i\varphi^0} + \varepsilon^{-i\varphi^0}}{2} = \cos\varphi^0 = (\mathfrak{Cof}\, i\varphi^0) \end{array}\right. \quad \text{und daß} \quad \frac{\varepsilon^{\varphi^0} - \varepsilon^{-\varphi^0}}{2} = \mathfrak{Sin}\,\varphi^0 \ \text{ist.}$$

Der größeren Übersichtlichkeit wegen benutzen wir noch folgendes auch sonst in der Algebra gebräuchliches Zeichen: es bedeute sgn a das Vorzeichen von a, wobei sgn die Abkürzung von signum ist. Z. B. $\operatorname{sgn} 6 = +1$, $\operatorname{sgn} -2 = -1$.

Dann kann man zunächst für die quadratische Gleichung $x^2 + 2ax + b = 0$ eine einheitliche Exponentiallösung geben. Es ist nämlich

$$x = -\operatorname{sgn} a \cdot j^{\frac{1-\operatorname{sgn} b}{2}} \left|\sqrt{b}\right| \varepsilon^{j\varphi}, \text{ wo } \frac{\varepsilon^{\varphi} + \operatorname{sgn} b\, \varepsilon^{-\varphi}}{2} = \left|\frac{a}{\sqrt{b}}\right|$$

Hierbei ist wieder

$j = \pm 1$. Ist $\operatorname{sgn} b = +1$, so ist $j^{\frac{1-\operatorname{sgn} b}{2}} = j^0 = 1$.

Danach ist ferner $\frac{\varepsilon^{\varphi} + \operatorname{sgn} b\, \varepsilon^{-\varphi}}{2} = \mathfrak{Cof}\, \varphi$ oder auch gleich $\cos \varphi$,

je nachdem $\left|\frac{a}{\sqrt{b}}\right| \geqq 1$ oder $\left|\frac{a}{\sqrt{b}}\right| \leqq 1$ ist.

Ist aber $\operatorname{sgn} b = -1$, so wird

$$j^{\frac{1-\operatorname{sgn} b}{2}} = j \text{ und } \frac{\varepsilon^{\varphi} + \operatorname{sgn} b\, \varepsilon^{-\varphi}}{2} = \mathfrak{Sin}\, \varphi.$$

Die gegebene Einheitsformel umfaßt also in der Tat sämtliche Fälle, während man bei den gebräuchlichen trigonometrischen Lösungen der quadratischen Gleichungen die verschiedenen Fälle völlig voneinander trennen muß.

Zahlenbeispiele:

$$x^2 + 2 \cdot 0{,}89\, x + 16{,}4 = 0, \text{ also } x = -j^{\frac{1-\operatorname{sgn} 16{,}4}{2}} \left|\sqrt{16{,}4}\right| \varepsilon^{i\varphi},$$

$$\text{wo } \frac{0{,}89}{4{,}05} = 0{,}22 = \cos \varphi \qquad = -4{,}05\,(0{,}22 + i\, 0{,}97)$$

Ist dagegen

$$x^2 + 2 \cdot 8{,}9\, x + 16{,}4 = 0, \text{ so ist } x = -4{,}05\, \varepsilon^{j\varphi}, \text{ wo } 2{,}2 = \mathfrak{Cof}\, \varphi$$
$$= -4{,}05\,(2{,}2 + j\, 2{,}0)$$

Ist ferner

$$x^2 + 2 \cdot 0{,}89\, x - 16{,}4 = 0, \text{ so ist } x = -j\, 4{,}05\, \varepsilon^{j\varphi}, \text{ wo } 0{,}22 = \mathfrak{Sin}\, \varphi$$
$$= -j\, 4{,}05\,(1{,}02 + j\, 0{,}22)$$
$$= -4{,}05 \cdot 0{,}22 - j\, 4{,}05 \cdot 1{,}02.$$

Wir bemerken noch, daß die hier und nachstehend gegebenen einheitlichen Exponentiallösungen der höheren Gleichungen an sich völlig unabhängig vom Gebrauch des Vektorinstruments sind, wenngleich dieses Instrument die Anwendung erleichtert.

Man kann daher auch wie gewöhnlich die trigonometrischen und Hyperbelfunktionen aus Tafeln entnehmen und vektorielle Summierungen entweder durch algebraische Rechnung oder durch graphische Konstruktion ausführen.

§ 22. Die kubischen Gleichungen.

Ist $x^3 + 3ax + 2b = 0$, so ist

$$x = -\operatorname{sgn} b \, |\sqrt{a}| \, (\varepsilon_{120n}^{\varphi/3} - \operatorname{sgn} a \, \varepsilon_{-120n}^{-\varphi/3}),$$

$$\text{wo } n = 0,\ 1,\ 2 \text{ und } \left|\frac{b}{a^{3/2}}\right| = \frac{\varepsilon^{\varphi} - \operatorname{sgn} a \, \varepsilon^{-\varphi}}{2}$$

In dieser einheitlichen Form sind sämtliche Fälle, die sonst bei der Auflösung der kubischen Gleichungen unterschieden werden, enthalten.

Ist nämlich

$$\operatorname{sgn} a = +1, \text{ so ist } \left|\frac{b}{a^{3/2}}\right| = \frac{\varepsilon^{\varphi} - \operatorname{sgn} a \, \varepsilon^{-\varphi}}{2} = \mathfrak{Sin}\, \varphi^0.$$

Man liest φ^0 am Instrument ab und bildet dann die Vektoren

$$\varepsilon_0^{\varphi/3} - \varepsilon_0^{-\varphi/3},\quad \varepsilon_{120}^{\varphi/3} - \varepsilon_{-120}^{-\varphi/3},\quad \varepsilon_{240}^{\varphi/3} - \varepsilon_{-240}^{-\varphi/3}.$$

Ist ferner

$$\operatorname{sgn} a = -1, \text{ so ist für } \left|\frac{b}{a^{3/2}}\right| > 1$$

$$\left|\frac{b}{a^{3/2}}\right| = \frac{\varepsilon^{\varphi} - \operatorname{sgn} a \, \varepsilon^{-\varphi}}{2} = \mathfrak{Cof}\, \varphi^0.$$

Man liest wieder φ^0 ab und dann die Vektoren

$$\varepsilon_0^{\varphi/3} + \varepsilon_0^{-\varphi/3},\quad \varepsilon_{120}^{\varphi/3} + \varepsilon_{-120}^{-\varphi/3},\quad \varepsilon_{240}^{\varphi/3} + \varepsilon_{-240}^{-\varphi/3}.$$

Ist schließlich

$$\operatorname{sgn} a = -1 \text{ und } \left|\frac{b}{a^{3/2}}\right| < 1,$$

so ist φ^0 imaginär, daher

$$\left|\frac{b}{a^{3/2}}\right| = \frac{\varepsilon^{i\varphi^0} + \varepsilon^{-i\varphi^0}}{2} = \cos \varphi^0.$$

Man liest φ^0 ab und hierauf

$$\frac{\varepsilon_0^{i\varphi/3} + \varepsilon_0^{-i\varphi/3}}{2} = \cos\frac{\varphi}{3},\quad \varepsilon_{120}^{i\varphi/3} + \varepsilon_{-120}^{-i\varphi/3} =$$

$$= \cos\left(\frac{\varphi}{3} + 120\right),\quad \varepsilon_{240}^{i\varphi/3} + \varepsilon_{-240}^{-i\varphi/3} = \cos\left(\frac{\varphi}{3} + 240\right)$$

Zahlenbeispiel:

$$x^3 + 3(-2)\,x + 2(-4{,}5) = 0$$

$$x = -\operatorname{sgn}(-4{,}5)\,|\sqrt{2}|\,[\varepsilon_{120n}^{\varphi/3} - \operatorname{sgn}(-2)\,\varepsilon_{-120n}^{-\varphi/3}]$$

$$\text{wobei } \left|\frac{4{,}5}{2^{3/2}}\right| = 1{,}59 = \frac{\varepsilon^{\varphi} - \operatorname{sgn}(-2)\,\varepsilon^{-\varphi}}{2} = \mathfrak{Cof}\, \varphi.$$

Man liest an der Innenteilung ab $\varphi^0 = 58{,}5$, somit $\varphi/3 = 19{,}5$. Daher ist

$$x_1 = \sqrt{2}\,(\varepsilon^{19,5} + \varepsilon^{-19,5}) = 2\sqrt{2}\,\mathfrak{Cof}\,19{,}5^0 = 2\sqrt{2}\,1{,}06 = 3 \text{ usw.}$$

Die vollständige kubische Gleichung.

Sie sei $x^3 + 3ax^2 + 6bx + 2c = 0$. Dann ist

$$x = -a - \operatorname{sgn} M\,|\sqrt{N}|\,(\varepsilon^{\varphi/3}_{120\,n} - \operatorname{sgn} N\,\varepsilon^{-\varphi/3}_{-120\,n}), \text{ wo } n = 0,\ 1,\ 2 \text{ und}$$

$$\left|\frac{a^3 - 3ab + c}{(-a^2 + 2b)^{3/2}}\right| = \left|\frac{M}{N^{3/2}}\right| = \frac{\varepsilon^{\varphi} - \operatorname{sgn} N\,\varepsilon^{-\varphi}}{2}$$

Dies ist in einheitlicher Form die Auflösung der allgemeinen kubischen Gleichung. Die einzige Änderung gegenüber der unvollständigen Gleichung entsteht durch das Auftreten der leicht zu errechnenden Größen M und N.

Zahlenbeispiel: $x^3 - 12x^2 + 36x - 7 = 0$. Man hat

$$x = 4 - \operatorname{sgn} 4{,}5\,|\sqrt{4}|\,2\cos 18{,}5^0 = 0{,}2 \text{ usw.}$$

$$\text{wobei} \left|\frac{-64 + 72 - 3{,}5}{(-16 + 12)^{3/2}}\right| = \left|\frac{4{,}5}{(-4)^{3/2}}\right| = \cos\varphi.$$

§ 23. Die biquadratischen Gleichungen.

1. Es sei $x^4 + 12\,a\,x^2 + 8\,b\,x + 12\,c = 0$.

Dann ist

$$x = j_1\sqrt{\mathrm{R}_0} + j_2\sqrt{\mathrm{R}_1} + j_1\,j_2\sqrt{\mathrm{R}_2}$$

(j_1 und j_2 unabhängig voneinander ± 1)

$$\mathrm{R}_n = -2\,a - \operatorname{sgn} M\,|\sqrt{N}|\,(\varepsilon^{\varphi/3}_{120\,n} - \operatorname{sgn} N\,\varepsilon^{-\varphi/3}_{-120\,n}) \text{ und } n = 0,\ 1,\ 2$$

$$\left|\frac{-a^3 + 3\,a\,c - \frac{b^2}{2}}{(-a^2 - c)^{3/2}}\right| = \left|\frac{M}{N^{3/2}}\right| = \frac{\varepsilon^{\varphi} - \operatorname{sgn} N\,\varepsilon^{-\varphi}}{2}$$

Auch diese Lösung ist vollständig einheitlich. Sie umfaßt sämtliche 4 Wurzeln und sämtliche durch die Verschiedenheit in den Vorzeichen der Koeffizienten etwa sonst zu unterscheidenden Fälle.

Das Vektorinstrument liefert zunächst φ, hierauf die Vektoren R_n, schließlich die Quadratwurzeln aus diesen Vektoren.

Zahlenbeispiel:

$$x^4 - 14\,x^2 + 48\,x - 35 = 0, \text{ also } a = \frac{-14}{12},\ b = 6,\ c = -\frac{35}{12}$$

$$\left|\frac{1{,}167^3 + 3\cdot 1{,}167\cdot 2{,}91 - 18}{(-1{,}167^2 + 2{,}91)^{3/2}}\right| = \left|\frac{M}{N^{3/2}}\right| = \left|\frac{-6{,}2}{1{,}55^{3/2}}\right| =$$

$$= \frac{\varepsilon^{\varphi} - \operatorname{sgn} N\,\varepsilon^{-\varphi}}{2} = \mathfrak{Sin}\,\varphi;\ \varphi = 108$$

$$\mathrm{R}_0 = \frac{14}{6} - \operatorname{sgn} M\,|1{,}25|\; 2\,\mathfrak{Sin}\,\frac{108}{3} = \frac{14}{6} + 2{,}5\cdot 0{,}67 = 4$$

$$\mathrm{R}_1 = \frac{14}{6} + 1{,}25\,(\varepsilon_{120}^{108/3} - \varepsilon_{-120}^{-108/3}) = 1{,}5 + i\,2{,}6 = 2{,}9_{59},\ \text{also ist } \mathrm{R}_2 = 2{,}9_{-59}$$

Daher ist

$$x = j_1\,2 + j_2\,(\sqrt{2{,}9})_{29,5} + j_1\,j_2\,(\sqrt{2{,}9})_{-29,5},\ \text{das heißt}$$

$$x_1 = 2 + 1{,}7_{29,5} + 1{,}7_{-29,5};\quad x_2 = -2 + 1{,}7_{29,5} - 1{,}7_{-29,5}$$

$$x_3 = -2 - 1{,}7_{29,5} + 1{,}7_{-29,5};\quad x_4 = 2 - 1{,}7_{29,5} - 1{,}7_{-29,5}.$$

2. Die bisher entwickelten Formeln lehnen sich an die gebräuchlichen Auflösungen der kubischen und biquadratischen Gleichungen an. Der Unterschied gegenüber den sonst üblichen Formeln beruht im wesentlichen nur darin, daß unter Betonung der vektoriellen Rechenweise für jede solche Gleichung die unmittelbare und einheitliche Lösung gegeben wird. Von einer besonderen Beweisführung für diese Formeln wurde daher der Kürze wegen abgesehen.

Anders verhält es sich mit der nachstehend behandelten neuen Exponentiallösung der biquadratischen Gleichungen. Diese Exponentiallösung ist auch deswegen beachtenswert, weil sie zu einer kubischen Resolvente führt, die von den sonstigen zahlreichen Resolventen, die sich bekanntlich sämtlich ineinander überführen lassen, völlig abweicht.

Die gegebene Gleichung sei

$$t^4 + a_1\,t^3 + a_2\,t^2 + a_3\,t + a_4 = 0.$$

Wir setzen

$$t = r\,\varepsilon^{j_1\psi + j_2\chi + j_1 j_2 \omega} = r\,x^{j_1}\,y^{j_2}\,z^{j_1 j_2},\quad \text{d. h. } t_1 = r\,x\,y\,z$$

$$t_2 = \frac{r\,x}{y\,z};\quad t_3 = \frac{r\,y}{x\,z};\quad t_4 = \frac{r\,z}{x\,y}$$

Dann ist

$$r^4 = t_1\,t_2\,t_3\,t_4 = a_4,\ \text{also } r \text{ bekannnt} \quad \ldots\ldots \quad \mathrm{I}$$

Ferner wird

$$r\left(x\,y\,z + \frac{x}{y\,z} + \frac{y}{x\,z} + \frac{z}{x\,y}\right) = -a_1 \quad \ldots\ldots \quad \mathrm{II}$$

$$r^2\left(x^2 + y^2 + z^2 + \frac{1}{x^2} + \frac{1}{y^2} + \frac{1}{z^2}\right) = a_2 \quad \ldots\ldots \quad \mathrm{III}$$

$$r^3\left(\frac{x\,y}{z} + \frac{x\,z}{y} + \frac{y\,z}{x} + \frac{1}{x\,y\,z}\right) = -a_3 \quad \ldots\ldots \quad \mathrm{IV}$$

Die Summation von II und IV gibt

$$2^3\,\mathfrak{Cof}\,\psi\,\mathfrak{Cof}\,\chi\,\mathfrak{Cof}\,\omega = \left(x + \frac{1}{x}\right)\left(y + \frac{1}{y}\right)\left(z + \frac{1}{z}\right) = -\frac{a_1}{r} - \frac{a_3}{r^3} \quad . \quad \mathrm{V}$$

Die Subtraktion

$$2^3\,\mathfrak{Sin}\,\psi\,\mathfrak{Sin}\,\chi\,\mathfrak{Sin}\,\omega=\left(x-\frac{1}{x}\right)\left(y-\frac{1}{y}\right)\left(z-\frac{1}{z}\right)=-\frac{a_1}{r}+\frac{a_3}{r^3}\quad.\quad\text{VI}$$

Gleichung III gibt

$$\mathfrak{Cof}^2\,\psi+\mathfrak{Cof}^2\,\chi+\mathfrak{Cof}^2\,\omega=\frac{1}{4}\left(\frac{a_2}{r^2}+6\right)\quad.\;.\;.\;.\quad\text{VII}$$

Quadriert man VI, so erhält man

$$2^6\,(\mathfrak{Cof}^2\,\psi-1)\,(\mathfrak{Cof}^2\,\chi-1)\,(\mathfrak{Cof}^2\,\omega-1)=\left(-\frac{a_1}{r_1}+\frac{a_3}{r^3}\right)^2.\quad.\quad\text{VIII}$$

Gleichung VIII liefert in Verbindung mit V und VII

$$\mathfrak{Cof}^2\,\psi\,\mathfrak{Cof}^2\,\chi+\mathfrak{Cof}^2\,\psi\,\mathfrak{Cof}^2\,\omega+\mathfrak{Cof}^2\,\chi\,\mathfrak{Cof}^2\,\omega=\frac{1}{2}+\frac{a_1\,a_3}{16\,r^4}+\frac{a_2}{4\,r^2}$$

Daher folgt aus V, VII und VIII die kubische Resolvente

$$z^3-\left(\frac{a_2}{4\,r^2}+\frac{3}{2}\right)z^2+\left(\frac{a_1\,a_3}{16\,r^4}+\frac{a_2}{4\,r^2}+\frac{1}{2}\right)z-\frac{\left(a_1+\frac{a_3}{r^2}\right)^2}{64\,r^2}=0.$$

Ihre Auflösung liefert

$$\mathfrak{Cof}^2\,\psi,\ \mathfrak{Cof}^2\,\chi,\ \mathfrak{Cof}^2\,\omega,\ \text{somit}\ \psi,\chi,\omega.$$

Dann ist

$$t_1=r\,\varepsilon^{\psi+\chi+\omega};\quad t_2=r\,\varepsilon^{\psi-\chi-\omega};\quad t_3=r\,\varepsilon^{-\psi+\chi-\omega};\quad t_4=r\,\varepsilon^{-\psi-\chi+\omega}$$

oder

$$\overset{\varepsilon}{\log}\,t_1=\overset{\varepsilon}{\log}\,r+\psi+\chi+\omega;\quad \overset{\varepsilon}{\log}\,t_2=\overset{\varepsilon}{\log}\,r+\psi-\chi-\omega;\quad \overset{\varepsilon}{\log}\,t_3=$$
$$=\overset{\varepsilon}{\log}\,r-\psi+\chi-\omega;\quad \overset{\varepsilon}{\log}\,t_4=\overset{\varepsilon}{\log}\,r-\psi-\chi+\omega.$$

§ 24. Die Gleichung 5. Grades in Bring-Jerrardscher Form (Neue Lösung).

Es sei $x^5+a\,x+b=0$. Dann ist

$$x=\sqrt[4]{\frac{-a}{5\,(4\,k-3)}}\left\{\varepsilon^{\frac{\alpha+2\beta}{5}}_{72\,n}+\varepsilon^{\frac{2\alpha-\beta}{5}}_{144\,n}-\varepsilon^{\frac{-2\alpha+\beta}{5}}_{216\,n}+\varepsilon^{\frac{-\alpha-2\beta}{5}}_{288\,n}\right\},\quad n=0,1,2,3,4.$$

Hierbei ist k eine Wurzel der Resolvente

$$(k^2+1)\,(11+2\,k)^4=-\frac{5^5\,b^4}{2^8\,a^5}\,(4\,k-3)^5.$$

Der Wert von k wird zweckmäßig zu $\frac{b}{a^{5/4}}$ aus einer Tafel entnommen.

Ferner ist

$$\sqrt[4]{k^2+1}=\mathfrak{Cof}\,\alpha^0=\mathfrak{Sin}\,\beta^0.$$

Hat man zu $\frac{b}{a^{5/4}}$ den Wert k aus der Tafel entnommen, so ermittelt man am Instrument oder aus einer Funktionentafel α und β und hierauf durch vektorielle Summierung die 5 Werte von x.

Zu dieser neuen Lösung, die das Problem der Gleichung 5. Grades zu einem auch der Rechenpraxis zugänglichen einfachen Abschluß bringt, gelangt man wie folgt:

Legt man als Wurzelform zugrunde:

$$x = 1_{72\,n}\, u_1 + 1_{144\,n} \cdot u_2 + 1_{216\,n} \cdot u_3 + 1_{288\,n} \cdot u_4,$$

wobei $1_{72\,n}$ usw. die 5. Wurzeln der Einheit und $n = 0, 1, 2, 3, 4$, so erhält man

$$u_1 u_4 + u_2 u_3 = 0 \quad . \quad . \quad . \quad . \quad . \quad . \quad . \quad \text{I}$$

$$u_1^2 u_3 + u_2^2 u_1 + u_3^2 u_4 + u_4^2 u_2 = 0 \quad . \quad . \quad . \quad . \quad \text{II}$$

$$u_1^3 u_2 + u_2^3 u_4 + u_3^3 u_1 + u_4^3 u_3 + 3\, u_1 u_2 u_3 u_4 = -\frac{a}{5} \quad . \quad \text{III}$$

$$u_1^5 + u_2^5 + u_3^5 + u_4^5 + 10\, u_1^2 u_2^2 u_4 + 10\, u_1^2 u_3^2 u_2 + \\ + 10\, u_4^2 u_2^2 u_3 + 10\, u_4^2 u_3^2 u_1 = -b. \quad . \quad \text{IV}$$

Diese 4 Gleichungen ergeben sich nach einigen Kürzungen aus den Formeln für die Summen der Wurzelpotenzen.

Hierauf setzt man:

$$\begin{cases} u_1 = r\, \varepsilon^{\varphi} \\ u_4 = r\, \varepsilon^{-\varphi} \end{cases} \text{und} \quad \begin{matrix} u_2 = r\, \varepsilon^{\psi} \\ u_3 = -r\, \varepsilon^{-\psi} \end{matrix} \quad \text{und ferner} \quad \begin{matrix} 2\psi + \varphi = \alpha \\ 2\varphi - \psi = \beta \end{matrix}$$

Führt man diese Werte in die 4 Gleichungen für u_1, u_2, u_3, u_4 ein und setzt noch $\operatorname{Sin} \alpha \operatorname{Cos} \beta = k$, so erhält man nach Elimination von r die Resolvente

$$(k^2 + 1)(11 + 2\,k)^4 = -\frac{5^5 b^4}{2^8 a^5}(4\,k - 3)^5.$$

Substituiert man noch statt k den Wert $\dfrac{-25\,a + 3\,v}{4\,v}$, so geht die Resolvente über in die Form $5^5 b^4 v = (v - a)^4 (v^2 - 6av + 25a^2)$. Dies ist die einfachste Resolvente, die sich bei der Behandlung der metazyklischen Gleichungen 5. Grades von der Bringschen Form ergibt. (Vgl. Weber, Algebra I, § 189.)

v läßt sich in einer Lagrangeschen Reihe entwickeln. Dann ist auch $k = \dfrac{-25\,a + 3\,v}{4\,v}$ bekannt. Für praktische Anwendungen empfiehlt sich aber die bereits erwähnte Tafel für k.

Zahlenbeispiel: $x^5 - x - 8{,}2 = 0$. Die Tafel gibt $k = 1$, also

$$\operatorname{Cos} \alpha = \operatorname{Sin} \beta = \sqrt[4]{2},$$

daher $\alpha = 35^0$, $\beta = 58^0$, also

$$x_1 = \sqrt[4]{\frac{1}{5}}\,(\varepsilon^{30,5} + \varepsilon^{2,3} - \varepsilon^{-2,3} + \varepsilon^{-30,5}) = 1{,}6 \text{ usw.}$$

§ 24. Auflösung höherer Gleichungen durch Annäherung.

1. Newtonsche Annäherung. Genügt in ganz roher Annäherung der Vektor Z der Gleichung $f(Z) = 0$, so ist der Vektor $D = -\frac{f(Z)}{f'(Z)}$ eine Verbesserung des Vektors Z. Die Vektoren $f(Z)$ und $f'(Z)$ werden vektoriell am Instrument (oder auch graphisch) ermittelt.

Zahlenbeispiel: $x^5 - x - 8{,}2 = 0$. Es sei angenähert $x = 1{,}4_{60}$

x^5	$(1{,}4_{60})^5$	$5{,}4_{300}$	$5x^4 = 19{,}3_{240}$
$-x$	$-1{,}4_{60}$	$1{,}4_{240}$	$-1 = 1{,}0_{180}$
	$-8{,}2$	$8{,}2_{180}$	
		$f(x) = 8{,}6_{223}$	$f'(x) = 19{,}8_{238}$

also ist $x = x_0 - \frac{f(x)}{f'(x)} = 1{,}4_{60} - \frac{8{,}6_{223}}{19{,}8_{238}} = 1{,}4_{60} - 0{,}44_{345} = 1{,}5_{78}$.

Mit dem Wert $1{,}5_{78}$ könnte das Verfahren wiederholt werden. Die Wurzel ist $1{,}55_{74}$.

2. Annäherung durch Kettenwurzeln.

Die vom 2. Gliede befreite Gleichung sei:

$$Z^n = a Z^{n-2} + b Z^{n-3} \ldots . \; p Z + q.$$

Hat man einen angenäherten Wert Z_0, so ist der verbesserte Wert

$$Z_1 = \sqrt[n]{a Z_0^{n-2} + b Z_0^{n-3} \ldots . + p Z_0 + q}.$$

Als erste Annäherung aller Wurzeln kann man setzen $Z_0 = 0$, dann erhält man daraus die angenäherten n Werte

$$Z_m = \left(\sqrt[n]{q}\right)_{\frac{m}{n} \cdot 360}, \quad m = 0, 1, 2, \ldots . \; n - 1.$$

Aus diesen angenäherten Werten Z_m errechnet man wieder neue n Werte von Z. Dabei muß bei der Errechnung eines bestimmten Vektors Z bei allen weiteren Annäherungen stets dasselbe m genommen werden.

1. Zahlenbeispiel: $x^5 = x + 8{,}2$. Es soll bestimmt werden die Wurzel entsprechend $m = 1$

$$x_0 = \left(\sqrt[5]{8{,}2}\right)_{\frac{1}{5} \cdot 360} = 1{,}53_{72}$$

$1{,}53_{72}$

$8{,}2$

$8{,}8_9$

$$\left(\sqrt[5]{8{,}8_9}\right)_{\frac{1}{5} \cdot 360} = 1{,}55_{74}.$$

2. Zahlenbeispiel. $x^4 + x^2 - 2x + 6 = 0$.

Die vier Anfangswerte x_0 sind (bei $\sqrt[4]{6} = 1{,}57$):

$$1{,}57_{45}$$
$$1{,}57_{135}$$
$$1{,}57_{225}$$
$$1{,}57_{315}.$$

Der erste Wert ($m = 0$) liefert:

	1. Annäherung	2. Annäherung
$-x_0^2$	$2{,}45_{270}$	$1{,}92_{272}$
$+2x_0$	$3{,}14_{45}$	$2{,}78_{46}$
-6	$6{,}00_{180}$	$6{,}00_{180}$
$x_1^4 =$	$3{,}70_{184}$	$4{,}00_{180}$
$x_1 =$	$1{,}39_{46}$	$1{,}42_{45}$.

Die zu $m = 0$ gehörige Wurzel ist also $1{,}42_{45} = 1 + i$. Entsprechend ist die zu $m = 3$ gehörige Wurzel $1{,}42_{-45} = 1 - i$.

Der zweite Wert ($m = 1$) liefert:

	1. Annäherung	2. Annäherung
$-x_0^2$	$2{,}45_{90}$	$3{,}1_{76}$
$+2x_0$	$3{,}14_{135}$	$3{,}52_{128}$
-6	$6{,}00_{180}$	$6{,}00_{180}$
$x_1^4 =$	$9{,}5_{151}$	$9{,}2_{142}$
$x_1 =$	$1{,}76_{38+90}$	$1{,}73_{35+90}$

also ist die 3. Wurzel $1{,}73_{125}$ und die 4. Wurzel $1{,}73_{-125}$.

Dieses Rechenverfahren ist also überaus einfach und völlig allgemein. Es liefert zugleich auch alle reellen Wurzeln. Bei der Annäherung wird dann der imaginäre Teil zu Null.

Erwünscht ist für bessere Konvergenz, daß in der Gleichung $n$ten Grades das Glied mit der Potenz x^{n-1} beseitigt ist. Unter Umständen kann es sich empfehlen, um bessere Konvergenz für die Annäherung zu erzielen, die Kettenrechnung entsprechend den nachstehenden Formen der Ausgangsgleichung vorzusehen.

$$x_1^{n-1} = a\,x_0^{n-3} + b\,x_0^{n-4} \ldots\ldots + p + \frac{q}{x} \quad \text{oder}$$

$$x_1^{n-2} = a\,x_0^{n-4} + b\,x_0^{n-5} \ldots\ldots n + \frac{p}{x} + \frac{q}{x^2} \quad \text{usw.}$$

Vgl. hierzu auch den Schluß der nachstehenden Ziff. 3.

3. Die Lagrangeschen Reihen. Auch sie bieten ein allgemeines Verfahren, sämtliche Wurzeln jeder beliebigen höheren Gleichung zu entwickeln. Dabei treten den verschiedenen Radizierungen entsprechend als Glieder der Reihe Vektoren auf. Die Entwicklung kann, um günstige Konvergenz zu ergeben, in sehr verschiedener Weise erfolgen.

Als Beispiel wählen wir die 5 Lösungen einer trinomischen Gleichung 5. Grades: $x^5 - bx - a = 0$, nämlich für $\left|\frac{b}{a^{4/5}}\right| = \varrho$

$$\frac{x}{\sqrt[5]{a}} = 1_{72\,n} - \frac{1}{5} \cdot \varrho_{144\,n} +$$

$$+ \frac{(1+2-1\cdot 5)}{1\cdot 2\cdot 5^2} \varrho^2_{216\,n} - \frac{(1+3-1\cdot 5)(1+3-2\cdot 5)}{1\cdot 2\cdot 3\cdot 5^3} \varrho^3_{288\,n} +$$

$$+ 0 - \frac{(1+5-1\cdot 5)(1+5-2\cdot 5)(1+5-3\cdot 5)(1+5-4\cdot 5)}{1\cdot 2\cdot 3\cdot 4\cdot 5\cdot 5^5} \varrho^5_{72\,n} + \cdots$$

$$(n = 0,\ 1,\ 2,\ 3,\ 4)$$

Vgl. hierzu »Neue Methode der Auflösung« usw. Lagrange, 24. Band der Memoiren der Kgl. Ak. d. W. Berlin.

Dadurch, daß man vermöge der vektoriellen Rechnung imstande ist, die Langrangeschen Reihen bei komplexen Gliedern schnell zu summieren, gewinnen diese Reihen erhöhte Bedeutung.

Die vorstehend gegebene Reihe für die Wurzeln der Gleichung $x^n = a + bx$ entspricht der Lösung mittels des Kettenalgorithmus $x_1 = \sqrt[n]{a + bx_0}$. Lagrange gibt noch eine zweite Lösung für die n Wurzeln, die den $1 + (n-1)$ Kettenentwicklungen

$$x_1 = \frac{x_0^n - a}{b} \text{ und } x_1 = \sqrt[n-1]{\frac{a}{x_0} + b}$$

entspricht. Je nach der Größe des Wertes $\frac{b}{a^{4/5}}$ ist die eine oder die andere Lösung vorzuziehen.

4. Wir wenden uns noch zu einigen besonderen Fällen für die angenäherte Auflösung höherer Gleichungen mit Hilfe der Vektorrechnung.

a) Auflösung der Gleichungen 4., 5. und 6. Grades.

Im Heft 4, Bd. 113, des Journals für die reine und angewandte Mathematik gibt Herr Heymann ein Verfahren, um die reellen Wurzeln solcher Gleichungen durch goniometrische und hyperbolische Ketten zu finden.

Im nachstehenden wird dieses Verfahren auf die Ermittlung sämtlicher Wurzeln, auch der komplexen, erweitert.

α) Gleichungen 4. Grades. Die Gleichung 4. Grades

$$8x^4 \mp 8x^2 - ax - b + 1 = 0$$

wird verglichen mit

$$8\,\mathfrak{Cos}^4 \frac{\varphi}{4} - 8\,\mathfrak{Cos}^2 \frac{\varphi}{4} + 1 = \mathfrak{Cos}\,\varphi$$

oder

$$8\,\mathfrak{Sin}^4 \frac{\varphi}{4} + 8\,\mathfrak{Sin}^2 \frac{\varphi}{4} + 1 = \mathfrak{Cos}\,\varphi,$$

je nachdem das obere oder untere Vorzeichen des Gliedes mit x^2 gilt.

Daraus folgen die beiden Kettenentwicklungen (je nach dem Vorzeichen — oder +)

$$\left.\begin{aligned}\mathfrak{Cos}\,\varphi_1 &= a\,\mathfrak{Cos}\left(\frac{\varphi_0}{4} + i\,k\,90\right) + b \\ \text{und} \qquad \mathfrak{Cos}\,\varphi_1 &= a\,\mathfrak{Sin}\left(\frac{\varphi_0}{4} + i\,k\,90\right) + b\end{aligned}\right\} \text{ für } k = 0, 1, 2, 3.$$

Ist φ_1 ausreichend genau ermittelt, so ist schließlich

$$x = \mathfrak{Cos}\left(\frac{\varphi_1}{4} + i\,k\,90\right) \text{ oder } x = \mathfrak{Sin}\left(\frac{\varphi_1}{4} + i\,k\,90\right)$$

Die 4 Werte von $\mathfrak{Cos}\left(\frac{\varphi_0}{4} + i\,k\,90\right)$ sind

$$j\,\mathfrak{Cos}\,\frac{\varphi_0}{4} \text{ und } i\,\mathfrak{Sin}\,\frac{\varphi_0}{4}$$

oder falls φ_0 imaginär wird

$$j\cos\frac{\varphi_0}{4} \text{ und } j\sin\frac{\varphi_0}{4}.$$

Die 4 Werte von $\mathfrak{Sin}\left(\frac{\varphi_0}{4} + i\,k\,90\right)$ sind $j\,\mathfrak{Sin}\,\frac{\varphi_0}{4}$ und $i\,\mathfrak{Cos}\,\frac{\varphi_0}{4}$

$\mathfrak{Cos}\,\varphi_1$ wird also stets ein Vektor, entweder ein zyklischer oder ein hyperbolischer. Demzufolge werden schließlich auch die beiden vektoriellen Werte von x ermittelt als zwei zyklische oder als ein zyklischer und ein hyperbolischer oder als zwei hyperbolische Vektoren.

Zahlenbeispiel. $x^4 + x^2 - 2\,x + 6 = 0$ oder

$$8\,x^4 + 8\,x^2 - 16\,x + 47 + 1 = 0.$$

$$\mathfrak{Cos}\,\varphi_1 = 16\,i - 47 \left(\text{bei } x = i\,\mathfrak{Cos}\,\frac{\varphi_0}{4} \text{ und } \varphi_0 = 0\right)$$
$$= 50_{161},$$

$$\text{also } \varphi_1 = \overset{\varepsilon}{\log}\left|\sqrt{(50_{161})^2 - 1} + 50_{161}\right| + i\,161$$
$$= \overset{\varepsilon}{\log}\,100 + i\,161 = 264 + i\,161.$$

Daher $x_1 = i\,\mathfrak{Cos}\,\frac{\varphi_1}{4} = \frac{i}{2}\left(\varepsilon^{66}_{40} + \varepsilon^{-66}_{-40}\right) = 1{,}67_{124}$.

Die Wurzel ist $1{,}73_{125}$, wie auch die 2. Annäherung ergibt.

β) Die Gleichungen 5. Grades.

Die betr. Gleichung sei auf die Form gebracht:

$$16\,x^5 \mp 20\,x^3 - (a - 5)\,x - b = 0.$$

Sie wird verglichen, je nach dem Vorzeichen des Gliedes mit x^3,

$$\text{mit } 16\,\mathfrak{Cos}^5\frac{\varphi}{5} - 20\,\mathfrak{Cos}^3\frac{\varphi}{5} + 5\,\mathfrak{Cos}\,\frac{\varphi}{5} = \mathfrak{Cos}\,\varphi \text{ oder}$$

$$16\,\mathfrak{Sin}^5\frac{\varphi}{5} + 20\,\mathfrak{Sin}^3\frac{\varphi}{5} + 5\,\mathfrak{Sin}\,\frac{\varphi}{5} = \mathfrak{Sin}\,\varphi.$$

So entsteht, je nach dem Vorzeichen der Anfangsgleichung,

$$\left.\begin{aligned} \operatorname{Cof} \varphi_1 &= a \operatorname{Cof}\left(\frac{\varphi_0}{5} + i\,k\,72\right) + b \\ \text{oder} \quad & \\ \operatorname{Sin} \varphi_1 &= a \operatorname{Sin}\left(\frac{\varphi_0}{5} + i\,k\,72\right) + b \end{aligned}\right\} \quad \begin{aligned} k &= 0, 1, 2, 3, 4 \\ \varphi_0 &= 0. \end{aligned}$$

Ist $a + b < 1$, so wird φ_0 imaginär, falls das Glied mit x^3 negativ ist. Die 5 Werte von $\operatorname{Cof}\left(\frac{\varphi_0}{5} + i\,k\,72\right)$ sind dann

$$\cos\frac{\varphi_0}{5}, \quad \sin\left(18 + j\frac{\varphi_0}{5}\right), \quad -\cos\left(36 + j\frac{\varphi_0}{5}\right).$$

Darunter befinden sich also 2 Hyperbelvektoren, mit denen in der bekannten Weise weiter gerechnet wird.

Hat die Gleichung noch das Glied mit x^2, so benutzt man die Form $16x^5 \mp 20x^3 + 5x = a(b + x)^2 + c$. Man erhält dann die Kettenentwicklungen

$$\operatorname{Cof} \varphi_1 = a\left[b + \operatorname{Cof}\left(\frac{\varphi_0}{5} + i\,k\,72\right)\right]^2 + c \quad \text{oder}$$

$$\operatorname{Sin} \varphi_1 = a\left[b + \operatorname{Sin}\left(\frac{\varphi_0}{5} + i\,k\,72\right)\right]^2 + c.$$

γ) Die Gleichungen 6. Grades.

Man behandelt ebenso die Gleichung

$$32x^6 \mp 48x^4 + 18x^2 - 1 = a(b + x)^2 + c.$$

b) Verfahren, um sämtliche reellen Wurzeln einer Gleichung 4. Grades gemeinsam durch Annäherung zu finden.

Die Gleichung mit den 4 reellen Wurzeln sei:

$$x^4 - m\,x^2 \pm n\,x - p = 0.$$

Die Wurzelform ist $j_1 a + j_2 b + j_1 j_2 c$. Die a, b, c sind die Seiten eines Dreiecks, dessen Fläche ist $F = \frac{\sqrt{p}}{4}$. Der Umkreisradius dieses Dreiecks ist $r = \frac{n}{8\sqrt{p}}$ und die Quadratsumme der Seiten

$$a^2 + b^2 + c^2 = [aa] = \frac{m}{2}.$$

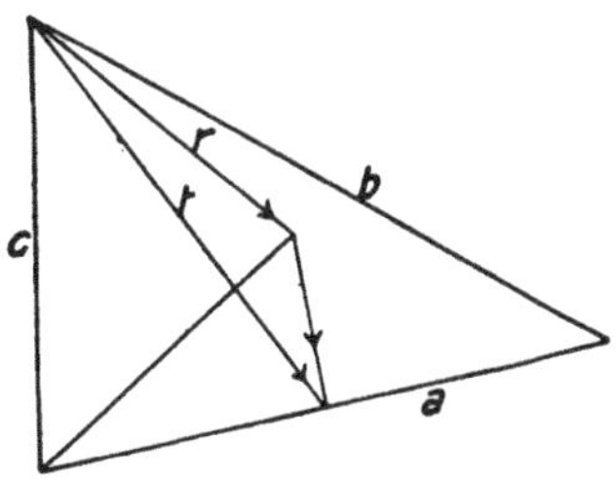

Fig. 30.

Es ist also ein Dreieck zu konstruieren, von dem gegeben sind die Fläche F, der Umkreisradius r und die Summe der Seitenquadrate $[aa]$.

Es ist aber (Fig. 30) die Transversale

$$t = \sqrt{\frac{[aa]}{2} - \frac{3}{4}a^2} = \left|\frac{a}{2}{}^{r}_{90} + \left(h_{90} - \frac{a}{2}{}^{r}_{90}\right)^{0}_{r}\right|.$$

Man schätzt a und somit auch $h = \frac{2F}{a}$ und berechnet hiernach t doppelt. Hierauf wird a nach der regula falsi verbessert. Dann folgt

$$c = \left| -h_{90t}^{0} + \frac{a}{2} \right| \quad \text{und} \quad b = \left| h_{90t}^{0} + \frac{a}{2} \right|.$$

Zahlenbeispiel. $x^4 - 295x^2 - 2730x - 84^2 = 0$ | $[aa] = 147{,}5$

$$x_1 = \frac{13 + 14 + 15}{2} = 21 \qquad F = 21$$

$$x_2 = \frac{-13 + 14 - 15}{2} = -7 \qquad r = \frac{2730}{8 \cdot 84} = 4{,}06$$

$$x_3 = \frac{-13 - 14 + 15}{2} = -6$$

$$x_4 = \frac{13 - 14 - 15}{2} = -8.$$

§ 26. Die vektorielle Integration der Differenzialgleichungen.

Es sei $\frac{dy}{dx} = f(x, y)$. Die Integration mit Hilfe des Instruments lehnt sich an das bekannte Verfahren an, mittels dessen man durch die Zeichnung eine Differenzialgleichung annäherungsweise integrieren kann. Man wählt zwei beliebige oder durch die Art der Aufgabe gegebene Anfangswerte x_0 und y_0 und berechnet dazu $\frac{dy}{dx} = \operatorname{tg} \tau_0 = f(x_0, y_0)$. Hierauf stellt man den Vektor $x_0 + iy_0$ am Zeiger ein und am Lineal die Richtung τ_0, dann schwenkt man den Zeiger um einen kleinen Winkel, etwa 2^0, und liest x_1 und y_1 ab. Hierauf berechnet man τ_1 aus $\operatorname{tg} \tau_1 = f(x_1, y_1)$ und stellt die Richtung τ_1 ein, schwenkt dann wieder um 2^0, liest x_2 und y_2 ab usf.

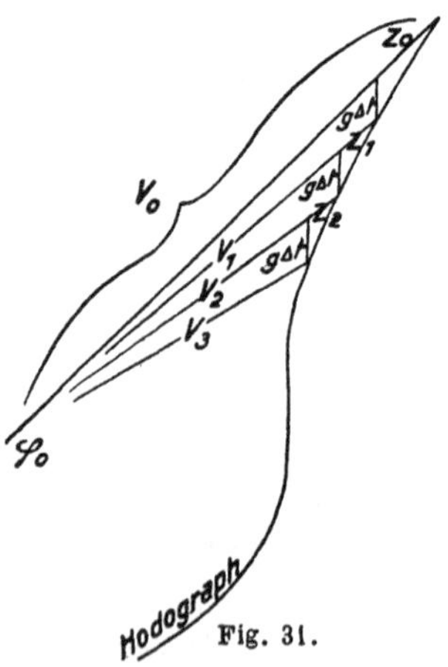

Fig. 31.

Auf diese Weise erhält man beliebig viele Werte der gesuchten Kurve zugleich in rechtwinkligen und in Polarkoordinaten.

Der jeweiligen Aufgabe zufolge kann die vektorielle Integration von Differenzialgleichungen sehr verschieden ausgeführt werden.

Als Beispiel wählen wir nachstehend eine neue einfache Vektorlösung für das allgemeine ballistische Problem. Vgl. Fig. 31.

Es sei zu Beginn der Geschoßbewegung der Geschwindigkeitsvektor $V_0 = v_{0\varphi_0}$. Er wird in dem Zeitteilchen Δt in seiner eigenen Richtung verkleinert um den Vektor $z_{0\varphi_0} = Z_0$, falls Z_0 die zugehörige, aus den ballistischen Tafeln (oder aus dem Luftwiderstandsgesetz) ermittelte Verzögerung durch den Luftwiderstand ist. Er wird ferner vermindert in der Richtung der Erdbeschleunigung um den Vektor $g\Delta t$. Mithin ist nach Verlauf der Zeit Δt die Geschoßgeschwindigkeit $V_1 = V_0 - Z_0 - g\Delta t$. Ebenso ist die Geschwindigkeit nach Ablauf des zweiten Zeitteils Δt:

$$V_2 = V_1 - Z_1 - g\Delta t \text{ usw.}$$

In dieser Weise ist es leicht, alle Flugbahnelemente zu finden. Der Weg in dem ersten Zeitteil Δt ist $S_1 = \frac{V_0 + V_1}{2}$, im zweiten $S_2 = \frac{V_1 + V_2}{2}$ usf.

Für praktische Anwendungen genügt es im allgemeinen, die Zeitteilchen Δt zu einer Sekunde anzunehmen oder zweckmäßiger noch zu $\frac{10}{9{,}81} = 1{,}018$ Sekunden. Dann wird der dauernd abzuziehende Geschwindigkeitsvektor der Erdbeschleunigung, nämlich $g\Delta t$, zu

$$9{,}81 \cdot \frac{10}{9{,}81} = 10 \text{ m.}$$

Ist z. B. $v_0 = 441$ m, $\varphi_0 = 15^0$, das Kaliber 8,8 cm, das Geschoßgewicht 7,5 kg, so wird bei normalem Luftgewicht und dem Formwert 1,24

$$V_1 = V_0 - Z_0 - g\Delta t = (441 - 63)_{75} - 10 = 378_{76} \text{ usf.}$$

Das Verfahren ist ganz allgemein, also nicht nur auf Flachbahnen beschränkt. Auch das wechselnde Luftgewicht kann bei der fortschreitenden Berechnung berücksichtigt werden.

III. Abschnitt.

Die räumlichen Vektoren.

§ 27. Koordinatensysteme.

Will man mit räumlichen Vektoren in Zahlen, nicht nur in Buchstaben rechnen, so müssen für jeden Vektor drei ihn bestimmende Koordinaten gegeben sein. Für diese Koordinaten kommen vor allem folgende drei Koordinatensysteme in Betracht:

die gewöhnlichen rechtwinkligen,
die Zylinderkoordinaten,
die Polarkoordinaten (Kugelkoordinaten).

1. Rechtwinklige Koordinaten. Bezeichnen i, j, k die drei Einheitsvektoren des Raumes in der Richtung der positiven x-, y- und z-Achse, so ist der beliebige räumliche Vektor dargestellt in der Form: $A = ia_1 + ja_2 + ka_3 = (a_1/a_2/a_3)$.

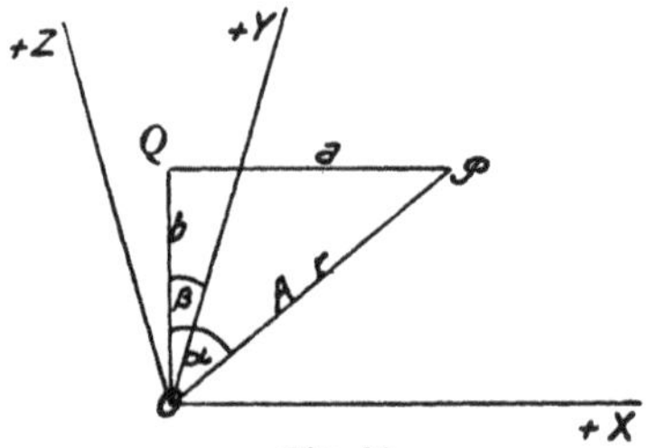

Fig. 32.

2. Zylinderkoordinaten. Fällt man (Fig. 32) vom Endpunkt P des Vektors $A = OP$ von der Länge r das Lot $PQ = a$ etwa auf die YZ-Ebene, so entsteht in dieser Ebene der ebene Vektor $OQ = b_\beta$. Dann ist

$$A = ia + b_\beta = ia + jb\cos\beta + kb\sin\beta$$
$$= (a/b_\beta) = ia + b\,(j\cos\beta + k\sin\beta).$$

Bleibt die Länge b unverändert, während a und β beliebig sich ändern, so beschreibt der Punkt P eine Zylinderfläche.

3. Polarkoordinaten. Bezeichnen wir die Länge $OP = |A|$ mit r und den Winkel QOP mit α, so ist $A = ir\cos\alpha + jr\sin\alpha\cos\beta + kr\sin\alpha\sin\beta = r\,(\cos\alpha/\sin\alpha_\beta)$ die Polardarstellung. Sie kann in symbolischer Bezeichnung geschrieben werden $A = r_{\alpha_\beta} = r\cdot 1_{\alpha_\beta}$. Den um β geschwenkten Winkel α nennen wir die Raumrichtung des Vektors A und bezeichnen sie mit $\mathfrak{A}$. Symbolisch ist dann $A = r_{\alpha_\beta} = r_{\mathfrak{A}}$.

§ 28. Die neue Exponentialdarstellung der räumlichen Vektoren.

Die Bezeichnung $\mathrm{A} = r_{\alpha_\beta}$ ist zunächst nur symbolisch. Aber ebenso wie bei den ebenen Vektoren $r_\alpha = r\varepsilon^{i\alpha}$, so vertritt auch das Symbol $r_{\alpha_\beta} = r_{\mathfrak{A}}$ die Exponentialdarstellung der räumlichen Vektoren. Es ist bekannt, welchen ungemeinen Nutzen die Analysis aus der zuerst von Euler gegebenen Gleichung $r\cos\alpha + ir\sin\alpha = r\varepsilon^{i\alpha}$ gezogen hat. Dementsprechend erscheint auch die neue nachstehend entwickelte Exponentialdarstellung der räumlichen Vektoren nicht ohne Bedeutung.

Zu dieser Darstellung gelangt man auf folgendem Wege:

Es ist $\mathrm{A} = ir\cos\alpha + jr\sin\alpha\cos\beta + kr\sin\alpha\sin\beta$

(da $ji = -k$) $\quad = ir\cos\alpha + jr\sin\alpha(\cos\beta - i\sin\beta)$

$$= ir\cos\alpha + jr\sin\alpha\,\varepsilon^{-i\beta}.$$

Nun beweisen wir, daß ist

$$1)\quad \varepsilon^{i\beta}\sin\alpha = \sin(\alpha\varepsilon^{i\beta}) = \sin(\alpha_\beta) = (\sin\alpha)_\beta$$

$$2)\quad \cos\alpha = \cos(\alpha\varepsilon^{i\beta}) = \cos(\alpha_\beta).$$

In der Fig. 33 ist der Winkel α aus der Ebene AOB um den Einheitsradius $OA = 1$ als Achse um den Winkel β herausgeschwenkt. Der Vektor OB hat die ebene Richtung α, schwenken wir ihn um 180°, so erhält er die Richtung $-\alpha$ und bei einer Schwenkung um den Winkel β die Richtung $\alpha f(\beta)$, wo $f(\beta)$ eine noch näher zu erörternde Funktion von β ist. Schwenken wir den Vektor mit der Richtung $\alpha f(\beta)$ um γ weiter, so erhält er die Richtung $\alpha f(\beta) f(\gamma)$. In diese Richtung gelangt aber auch der Vektor OB mit der Richtung α durch die Schwenkung um $\beta + \gamma$, dabei wird seine Richtung $\alpha f(\beta + \gamma)$. Daher muß sein $f(\beta) f(\gamma) = f(\beta + \gamma)$. Aus dieser Funktionalgleichung folgt in der bekannten Weise, daß die Richtung $\alpha_\beta = \alpha f(\beta)$ identisch sein muß mit $\alpha\varepsilon^{i\beta}$. Nun aber ist nach der Fig. 35 entsprechend den Behauptungen 1) und 2) Vektor

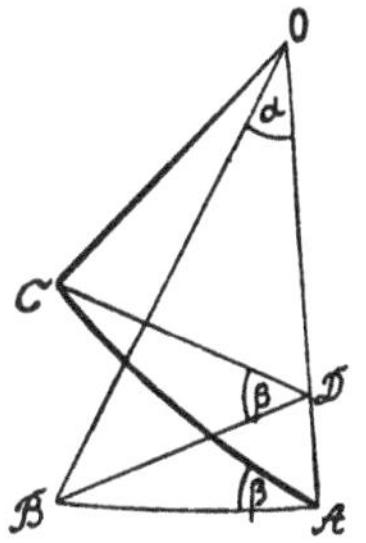

Fig. 33.

$$CD = \sin(\alpha_\beta) = \sin(\alpha\varepsilon^{i\beta}) = \varepsilon^{i\beta}BD = \varepsilon^{i\beta}\sin\alpha$$

und Vektor

$$OD = \cos(\alpha_\beta) = \cos(\alpha\varepsilon^{i\beta}) = \cos\alpha.$$

Mithin läßt sich $\mathrm{A} = ir\cos\alpha + jr\sin\alpha\,\varepsilon^{-i\beta}$ umformen in

$$ir\cos(\alpha\varepsilon^{-i\beta}) + jr\sin(\alpha\varepsilon^{-i\beta})$$

oder, da $j = -ik$, in

$$ir[\cos(\alpha\varepsilon^{-i\beta}) - k\sin(\alpha\varepsilon^{-i\beta})] = ir\varepsilon^{-k\alpha\varepsilon^{-i\beta}} = ir\varepsilon^{-k\mathfrak{A}} = r_{\alpha_\beta} = r_{\mathfrak{A}}$$

Dies ist die gesuchte Exponentialdarstellung.

Die beiden Gleichungen

$$\varepsilon^{i\beta} \sin \alpha = \sin (\alpha \varepsilon^{i\beta}) \text{ und}$$
$$\cos \alpha = \cos (\alpha \varepsilon^{i\beta})$$

ergeben sich, wie wir zeigten, durch die räumliche Anschauung. Daß sie von den sonstigen Rechengesetzen der Algebra der reellen Zahlen abweichen, kann nicht befremden. Denn bei den räumlichen imaginären Größen hat ja bereits, wie ebenfalls die Anschauung lehrt, eines der einfachsten Rechengesetze, das kommutative Gesetz der Multiplikation, keine Geltung mehr.

§ 29. Koordinatenverwandlung.

Das Vektorinstrument gestattet durch einfache Ablesungen den Übergang von einem der drei aufgeführten Koordinatensysteme zum anderen.

Zahlenbeispiel. Es sei gegeben in räumlichen rechtwinkligen Koordinaten der Vektor A = (12/3/4). Er soll in Zylinder- und in Polarkoordinaten ausgedrückt werden. Es ist

$$3 + 4i = 5_{53} \text{ und } 12 + 5i = 13_{22}.$$

Also ist

in Zylinderkoordinaten $A = (12/5_{53})$ und
in Polarkoordinaten $A = 13_{22_{53}}$,

so daß die Raumrichtung wird

$$\mathfrak{A} = 22^0{}_{53}.$$

Entsprechend geschieht die Umwandlung, wenn A in Polarkoordinaten oder in Zylinderkoordinaten gegeben ist.

Aus $A = 13_{22_{53}}$ wird in Zylinderkoordinaten

$$A = (13 \cdot \cos 22/13 \cdot \sin 22_{53}) = 13 \cdot (\cos 22/\sin 22_{53}) = (12/5_{53}) \text{ usf.}$$

§ 30. Rechnen mit Zylindervektoren.

Für das praktische Rechnen sind Vektoren in Zylinderkoordinaten besonders geeignet. Wir bezeichnen sie kurz als Zylindervektoren. Sie haben folgende Vorzüge:

1. Man kann, wie bereits nachgewiesen, mittels einer einzigen Ablesung am Vektorinstrument von ihnen zu jedem der beiden anderen Koordinatensysteme übergehen.

2. Man kann sie mit Hilfe des Instruments leicht addieren, subtrahieren, multiplizieren und dividieren.

a) Addition und Subtraktion.

Sie ist ohne weiteres klar. Es ist $(a/b_\beta) \pm (c/d_\delta) = (a \pm c/b_\beta \pm d_\delta)$.

Zahlenbeispiel. Es sollen addiert werden die beiden Vektoren $(2/4{,}8_{135})$ und $(3/5{,}6_{23})$. Die Summe ist

$$\begin{array}{c|l} 2 & 4{,}8_{135} \\ 3 & 5{,}6_{23} \\ \hline (5 & 5{,}9_{72}) \end{array}$$

Sind die zu summierenden Vektoren in Polarkoordinaten gegeben, so liest man zunächst am Instrument die zugehörigen Zylindervektoren ab und summiert diese.

b) Multiplikation und Division.

Es ist $A \cdot A' = (a/b_\beta)\,(a'/b'_{\beta'}) = (ia + b_\beta)\,(ia' + b'_{\beta'})$. Folglich ist das skalare

$$\text{(innere) Produkt } (AA') = -aa' - bb' \cos(\beta - \beta')$$

und das vektorielle

$$\text{(äußere) Produkt } [AA'] = [-bb' \sin(\beta - \beta')/iab'_{\beta'} - ia'b_\beta].$$

Sind ausnahmsweise Vektoren zu dividieren, so verwandelt man die Division in eine Multiplikation.

Denn es ist

$$\frac{A}{A'} = \frac{AA'}{A'^2} = -\frac{AA'}{r_1^2}, \text{ falls } A' = r_{1\mathfrak{A}'}.$$

Zahlenbeispiel. Es seien zu multiplizieren die Vektoren

$$AA' = (12/5_{53})\,(16{,}6/3_{40}).$$

Dann ist das skalare Produkt

$$(AA') = -12 \cdot 16{,}6 - 5 \cdot 3 \cos 13 = -213$$

und das Vektorprodukt

$$[AA'] = (-5 \cdot 3 \sin 13/i\,12 \cdot 3_{40} - i\,5 \cdot 16{,}6_{53}) = (-3{,}5/48_{242+90}).$$

Die Addition von 90^0 zu 242^0 wird bedingt durch die Multiplikation mit i.

Der Vorzug der Zylindervektoren beruht offenbar vor allem darin, daß sich das wichtige Vektorprodukt so leicht ermitteln läßt.

§ 31. Multiplikation bei Polarkoordinaten.

Das volle Vektorprodukt, d. h. die aus dem äußern und innern Produkt zusammengesetzte Quaternion ist:

$$AA' = r_{\mathfrak{A}} \cdot r_{\mathfrak{A}'} = -rr'_{\mathfrak{A}-\mathfrak{A}'} = r_{\alpha_\beta} \cdot r'_{\alpha'_{\beta'}} = -rr'_{\alpha_\beta - \alpha'_{\beta'}} =$$
$$= -rr'\varepsilon^{-k\alpha\varepsilon^{-i\beta} + k\alpha'\varepsilon^{-i\beta'}} = -rr'\varepsilon^{-k(\overline{\mathfrak{A}} - \overline{\mathfrak{A}'})}$$

Denn es ist $AA' = -rr' \cos(\mathfrak{A} - \mathfrak{A}') - irr' \sin(\mathfrak{A} - \mathfrak{A}')$. Ferner ist $\cos(\mathfrak{A} - \mathfrak{A}') = \cos \mathfrak{A} \cos \mathfrak{A}' + \sin \mathfrak{A} \sin \mathfrak{A}'$

$$= \cos a \cos a' + \sin a \sin a'_{\beta - \beta'}$$

$$= \cos a \cos a' + \sin a \sin a' \cos(\beta - \beta') + i \sin a \sin a' \sin(\beta - \beta')$$

und schließlich $\sin(\mathfrak{A}-\mathfrak{A}') = \sin a_\beta \cos a' - \cos a \sin a'_{\beta'}$. Die obigen Behauptungen für die Produktbildung führen also beim Weiterrechnen zu richtigen Ergebnissen.

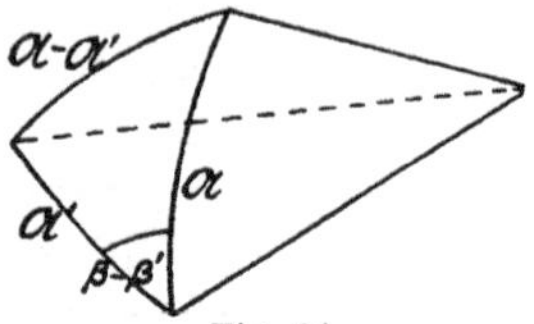

Fig. 34.

Wie die nebenstehende Fig. 34 zeigt, ist der Raumwinkel $\mathfrak{A} - \mathfrak{A}'$ die dritte Seite in einem sphärischen Dreieck, dessen andere Seiten $\mathfrak{A}$ und $\mathfrak{A}'$ sind. In diesem Dreieck liegt der Seite $\mathfrak{A} - \mathfrak{A}'$ der Winkel $\beta - \beta'$ gegenüber.

§ 32. Anwendungen auf die sphärische Trigonometrie.

In Fig. 35 ist der Vektor $OA = 1_{a_0}$ und $OB = 1_{b_\gamma}$ (OC ist die Nullrichtung, die Ebene OAC die Nullebene); die Länge

$$|AB| = |OB - OA| = |1_{b_\gamma} - 1_{a_0}|$$

Ferner ist

$$\sin\frac{c}{2} = \frac{1}{2}|AB| = \frac{1}{2}|1_{b_\gamma} - 1_{a_0}|$$

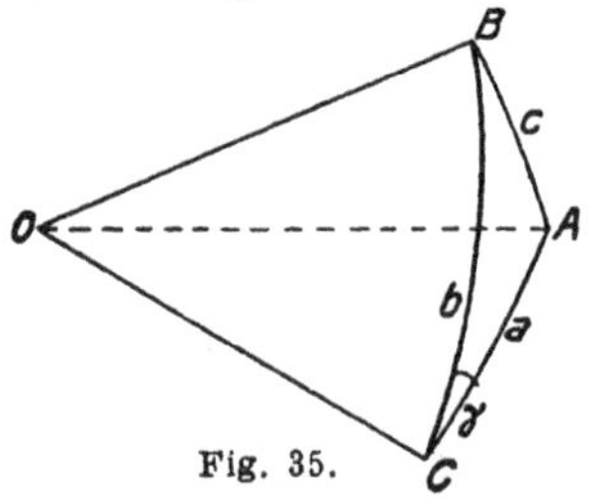

Fig. 35.

Nach dem Kosinussatz der sphärischen Trigonometrie ist

$$\cos c = \cos a \cos b + \sin a \sin b \cos \gamma.$$

Die eben entwickelte Formel für $\sin\frac{c}{2}$ gibt also eine neue Lösung für die Hauptaufgabe der sphärischen Trigonometrie. Diese Lösung interessiert in theoretischer Hinsicht wegen des Additionstheorems der elliptischen Funktionen, in praktischer Hinsicht kommt sie für nautische Berechnungen in Betracht.

Zahlenbeispiel:

$a = 10^0$	$1_{b_\gamma} = (\cos b / \sin b\gamma) =$	$0{,}93$	$0{,}37_{13}$
$b_\gamma = 22^0_{13}$	$1_{a_0} = (\cos a / \sin a) =$	$-0{,}98$	$0{,}17_{180}$
		$-0{,}05$	$0{,}21_{13}$

$$\text{also } \sin\frac{c}{2} = \frac{1}{2}|-0{,}05 + i\,0{,}21| = 0{,}11 \text{ und } c = 13^0$$

Die Rechnung benutzt nur Summationen. Multiplikationen sind nicht erforderlich.

Eine entsprechende Formel ergibt sich für den Winkel γ durch die Ergänzungsecke.

§ 33. Die räumlichen Komponenten.

In der Ebene kann ein gegebener Vektor nach zwei gegebenen Richtungen, deren Schnittpunkt in seiner Richtung liegt, in 2 Vektoren zerlegt werden.

Im Raume erfolgt die Zerlegung nach drei gegebenen Raumrichtungen, deren gemeinsamer Schnittpunkt in der Richtung des Vektors liegt, in drei Komponenten.

Die einfachste derartige Zerlegung ist diejenige in die drei Richtungen des rechtwinkligen Koordinatensystems.

Es sei für die allgemeine Zerlegung in einem räumlichen Viereck

$$l_{\mathfrak{A}} + m_{\mathfrak{B}} + n_{\mathfrak{C}} = r_{\mathfrak{D}}.$$

Dann führen wir, ähnlich wie in der Ebene, folgende Bezeichnungen ein. Wir nennen:

$$l_{\mathfrak{A}} = r_{\mathfrak{D}}{}_{\mathfrak{A}}^{\mathfrak{B}\cdot\mathfrak{C}} = r_{\mathfrak{D}}{}_{\mathfrak{A}}^{\mathfrak{C}\cdot\mathfrak{B}}$$

die Raumkomponente von $r_{\mathfrak{D}}$ für $\mathfrak{B}$ und $\mathfrak{C}$ nach $\mathfrak{A}$. Ebenso ist

$$m_{\mathfrak{B}} = r_{\mathfrak{D}}{}_{\mathfrak{B}}^{\mathfrak{A}\cdot\mathfrak{C}} \text{ und } n_{\mathfrak{C}} = r_{\mathfrak{D}}{}_{\mathfrak{C}}^{\mathfrak{A}\cdot\mathfrak{B}}$$

Für diese Raumkomponenten gilt wie in der Ebene das distributive Gesetz.

1. Beweis. Es seien gegeben zwei Vektoren $r_{\mathfrak{D}}$ und $s_{\mathfrak{E}}$. Ihre Summe soll nach den Raumrichtungen $\mathfrak{A}$, $\mathfrak{B}$ und $\mathfrak{C}$ zerlegt werden. Dann soll sein z. B.

$$(r_{\mathfrak{D}} + s_{\mathfrak{E}})_{\mathfrak{A}}^{\mathfrak{B}\cdot\mathfrak{C}} = r_{\mathfrak{D}}{}_{\mathfrak{A}}^{\mathfrak{B}\cdot\mathfrak{C}} + s_{\mathfrak{E}}{}_{\mathfrak{A}}^{\mathfrak{B}\cdot\mathfrak{C}}$$

Man kann aber stets setzen

$$r_{\mathfrak{D}} = l_{\mathfrak{A}} + m_{\mathfrak{B}} + n_{\mathfrak{C}}, \quad \text{wo z. B. } l_{\mathfrak{A}} = r_{\mathfrak{D}}{}_{\mathfrak{A}}^{\mathfrak{B}\cdot\mathfrak{C}} \text{ ist und ebenso}$$

$$s_{\mathfrak{E}} = l'_{\mathfrak{A}} + m'_{\mathfrak{B}} + n'_{\mathfrak{C}}, \quad \text{wo z. B. } l'_{\mathfrak{A}} = s_{\mathfrak{E}}{}_{\mathfrak{A}}^{\mathfrak{B}\cdot\mathfrak{C}} \text{ ist.}$$

Hierbei sind l, m, n positive oder negative reelle Zahlen.

Folglich ist

$$r_{\mathfrak{D}} + s_{\mathfrak{E}} = (l + l')_{\mathfrak{A}} + (m + m')_{\mathfrak{B}} + (n + n')_{\mathfrak{C}}$$

Hieraus folgt aber z. B.:

$$(l + l')_{\mathfrak{A}} = l_{\mathfrak{A}} + l'_{\mathfrak{A}} = (r_{\mathfrak{D}} + s_{\mathfrak{E}})_{\mathfrak{A}}^{\mathfrak{B}\cdot\mathfrak{C}}$$

und schließlich durch Einsetzen der Werte von $l_{\mathfrak{A}}$ und $l'_{\mathfrak{A}}$ die Behauptung

$$r_{\mathfrak{D}}{}_{\mathfrak{A}}^{\mathfrak{B}\cdot\mathfrak{C}} + s_{\mathfrak{E}}{}_{\mathfrak{A}}^{\mathfrak{B}\cdot\mathfrak{C}} = (r_{\mathfrak{D}} + s_{\mathfrak{E}})_{\mathfrak{A}}^{\mathfrak{B}\cdot\mathfrak{C}}.$$

2. Beweis. Es ist

$$r_{\mathfrak{D}} = r_{\mathfrak{D}}{}_{\mathfrak{C}}^{\mathfrak{A}\cdot\mathfrak{B}} + r_{\mathfrak{D}}{}_{\mathfrak{A}}^{\mathfrak{B}\cdot\mathfrak{C}} + r_{\mathfrak{D}}{}_{\mathfrak{B}}^{\mathfrak{C}\cdot\mathfrak{A}} \text{ und}$$

$$\underline{s_{\mathfrak{E}} = s_{\mathfrak{E}}{}_{\mathfrak{C}}^{\mathfrak{A}\cdot\mathfrak{B}} + s_{\mathfrak{E}}{}_{\mathfrak{A}}^{\mathfrak{B}\cdot\mathfrak{C}} + s_{\mathfrak{E}}{}_{\mathfrak{B}}^{\mathfrak{C}\cdot\mathfrak{A}}}, \text{ also}$$

$$r_{\mathfrak{D}} + s_{\mathfrak{E}} = (r_{\mathfrak{D}}{}_{\mathfrak{C}}^{\mathfrak{A}\cdot\mathfrak{B}} + s_{\mathfrak{E}}{}_{\mathfrak{C}}^{\mathfrak{A}\cdot\mathfrak{B}}) + (r_{\mathfrak{D}}{}_{\mathfrak{A}}^{\mathfrak{B}\cdot\mathfrak{C}} + s_{\mathfrak{E}}{}_{\mathfrak{A}}^{\mathfrak{B}\cdot\mathfrak{C}}) + (r_{\mathfrak{D}}{}_{\mathfrak{B}}^{\mathfrak{C}\cdot\mathfrak{A}} + s_{\mathfrak{E}}{}_{\mathfrak{B}}^{\mathfrak{C}\cdot\mathfrak{A}}),$$

folglich z. B.

$$r_{\mathfrak{D}}{}_{\mathfrak{A}}^{\mathfrak{B}\cdot\mathfrak{C}} + s_{\mathfrak{E}}{}_{\mathfrak{A}}^{\mathfrak{B}\cdot\mathfrak{C}} = (r_{\mathfrak{D}} + s_{\mathfrak{E}})_{\mathfrak{A}}^{\mathfrak{B}\cdot\mathfrak{C}}$$

§ 34. Rechnerische Ausführung der räumlichen Komponentenbildung.

Gegeben seien $r_{\mathfrak{D}}$, $\mathfrak{A}$, $\mathfrak{B}$, $\mathfrak{C}$. Gesucht l, m, n.

Wir zerlegen die Gleichung $l_{\mathfrak{A}} + m_{\mathfrak{B}} + n_{\mathfrak{C}} = r_{\mathfrak{D}}$ in

$$l \cos \mathfrak{A} + m \cos \mathfrak{B} + n \cos \mathfrak{C} = r \cos \mathfrak{D} \quad \text{und}$$
$$l \sin \mathfrak{A} + m \sin \mathfrak{B} + n \sin \mathfrak{C} = r \sin \mathfrak{D}$$

und eliminieren etwa n. Dann entsteht

$$l \cos \mathfrak{A} \sin \mathfrak{C} + m \cos \mathfrak{B} \sin \mathfrak{C} + n \cos \mathfrak{C} \sin \mathfrak{C} = r \cos \mathfrak{D} \sin \mathfrak{C} \quad \text{und}$$
$$\underline{l \sin \mathfrak{A} \cos \mathfrak{C} + m \sin \mathfrak{B} \cos \mathfrak{C} + n \sin \mathfrak{C} \cos \mathfrak{C} = r \sin \mathfrak{D} \cos \mathfrak{C}}$$
$$l \sin (\mathfrak{A} - \mathfrak{C}) + m \sin (\mathfrak{B} - \mathfrak{C}) = r \sin (\mathfrak{D} - \mathfrak{C})$$

Die ebenen Vektoren seien

$$\begin{array}{l|l} \sin(\mathfrak{D} - \mathfrak{C}) = r_{\varrho}' & \text{Dann ist } l = \dfrac{r r_{\varrho}'}{l'} \, {}^{\mu}_{\lambda} \\ \sin(\mathfrak{B} - \mathfrak{C}) = m_{\mu}' & \text{und} \\ \sin(\mathfrak{A} - \mathfrak{C}) = l_{\lambda}' & \qquad m = \dfrac{r r_{\varrho}'}{m'} \, {}^{\lambda}_{\mu} \end{array} \left.\vphantom{\begin{array}{l} a \\ b \\ c \end{array}}\right\} \begin{array}{l} \text{und schließlich noch} \\ n_{\mathfrak{C}} = r_{\mathfrak{D}} - l_{\mathfrak{A}} - m_{\mathfrak{B}} \end{array}$$

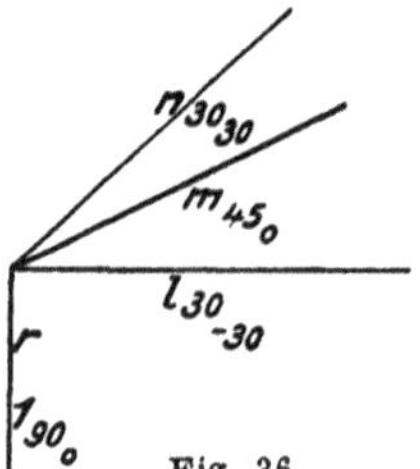

Fig. 36.

In dieser letzten Gleichung ist eine doppelte Rechenprobe enthalten, da im Ergebnis die Raumrichtung $\mathfrak{C}$, die von 2 Winkelgrößen abhängt, auf beiden Seiten der Gleichung übereinstimmen muß.

Zahlenbeispiel. An einem Knotenpunkt eines räumlichen Fachwerks treffen 4 Stäbe zusammen. Äußere Kräfte wirken nicht auf den Knotenpunkt. Bekannt sind die eine Stabkraft 1_{90_0} und die in Fig. 36 eingetragenen Raumrichtungen der anderen Stäbe. Die zugehörigen Stabkräfte, d. h. die Komponenten l, m und n, sind zu ermitteln.

Lösung. Wir suchen zunächst etwa m und n.

$$\sin(90_0 - 30_{-30}) = \sin 90 \cos 30 = 0{,}866 \qquad\qquad \begin{array}{r} 0{,}433_{30} \\ 0{,}433_{150} \\ \hline 0{,}433_{90} \end{array}$$
$$\sin(30_{30} - 30_{-30}) = \sin 30_{30} \cos 30 - \cos 30 \sin 30_{330} =$$
$$\sin(45_0 - 30_{-30}) = 0{,}354_{30}$$

$$\text{mithin } m = \frac{1 \cdot 0{,}866}{0{,}354} \, {}^{90}_{30} = 2{,}74 \text{ und}$$

$$n = \frac{1 \cdot 0{,}866}{0{,}433} \, {}^{30}_{90} = -1{,}12.$$

Wegen der Symmetrie der Stabanordnung ist auch $l = -1{,}12$.

Wie aus den Vorzeichen hervorgeht, hat der Stab r mit dem Stabe m entweder Druck- oder Zugspannung. Die Stäbe l und n haben die entgegengesetzte Spannung. Wollte man noch die Rechenprobe auf die Richtigkeit der Ergebnisse machen, so hätte man die drei Komponenten zu summieren.

Man erhält die Summe

$-1{,}12_{30_{-30}}$	$-1{,}12\cos 30$	$-1{,}12\sin 30_{-30}$	$-0{,}97$	$0{,}56_{150}$
$-1{,}12_{30_{30}}$	$-1{,}12\cos 30$	$-1{,}12\sin 30_{30} =$	$-0{,}97$	$0{,}56_{210}$
$2{,}74_{45_0}$	$2{,}74\cos 45$	$2{,}74\sin 45$	$+1{,}94$	$1{,}94$
soll sein $= 1_{90_0} = (0/1)$			(0	1)

Wir schließen diesen Abschnitt, in dem wir noch ein Ableseschema für die gemeinsame Ermittlung der Produktecos α cos β, sin α sin β, sin α cos β und cos α sin β geben, die in der Quaternion $1_{\mathfrak{A}} \cdot 1_{\mathfrak{A}'}$ wie auchbei der Komponentenbildung vorkommen.

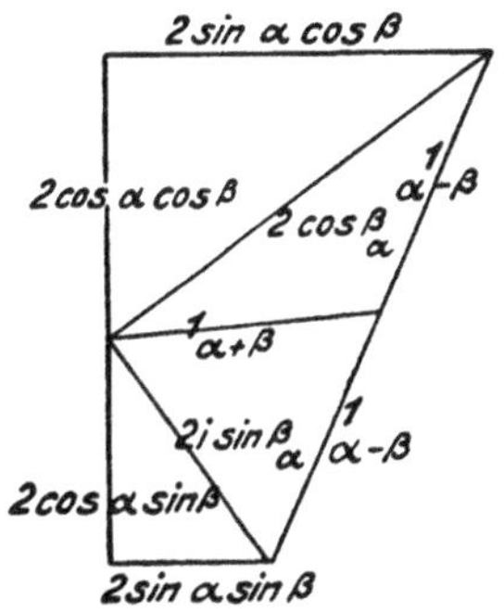

Fig. 37.

Gemäß Fig. 37 ist

$$2\cos\alpha\cos\beta = (1_{\alpha+\beta} + 1_{\alpha-\beta})_{\,0}^{90}$$

$$2\sin\alpha\cos\beta = (1_{\alpha+\beta} + 1_{\alpha-\beta})_{\,90}^{0}$$

$$2\cos\alpha\sin\beta = (1_{\alpha+\beta} - 1_{\alpha-\beta})_{\,0}^{90}$$

$$2\sin\alpha\sin\beta = (1_{\alpha+\beta} - 1_{\alpha-\beta})_{\,90}^{0}$$

IV. Abschnitt.

Vektorielle Statik, Kinematik und Elektrotechnik.

§ 35. Allgemeines.

Die vektorielle Statik löst dieselben Aufgaben wie die graphische Statik. Doch tritt auch bei ihr an die Stelle des zeichnerischen Verfahrens das vektorielle Rechnen mit (oder auch ohne) Vektorinstrument.

Die Vorteile dieses vektoriellen Rechnens sind wieder: Vereinfachung oder völliger Fortfall der Zeichenarbeit, Ersparnis an Zeichenpapier und sonstigem Zeichenbedarf, ferner Erleichterung und Beschleunigung bei der Ermittlung der gesuchten Größen, vermehrte Genauigkeit und die Möglichkeit rein schematischen Rechnens nach feststehendem Muster auf Grund knappster Formeln.

Falls überhaupt die Veranschaulichung des zu untersuchenden statischen Objekts (Tragwerks u. dgl.) erforderlich scheint, genügt im allgemeinen eine rohe, mit freier Hand hingeworfene Skizze, die nicht einmal maßstabsgerecht zu sein braucht.

Das vektorielle Verfahren vermeidet auch den Übelstand, der bei der graphischen Ermittlung vielfach störend auftritt, daß nämlich die gesuchten Schnittpunkte außerhalb der verfügbaren Zeichenebene zu liegen kommen.

Im wesentlichen kommt es bei der vektoriellen Statik ebenso wie bei der graphischen Statik auf die Anwendung der beiden Hauptaufgaben der Dreiecksrechnung an, also auf die Summierung von Kräften und auf ihre Zerlegung nach gegebenen Richtungen.

Dementsprechend lehnt sich auch die vektorielle Statik vielfach an die Konstruktionen der graphischen Statik an. Dadurch wird das Verständnis des neuen Verfahrens erleichtert. Dabei aber gibt sie, wie wir sehen werden, für die am häufigsten vorkommenden statischen Untersuchungen jedesmal ein übersichtliches Rechenschema. Mit dessen Hilfe kann jeder, der die einfache Formelsprache der neuen Rechenweise beherrscht, unabhängig von besonderen statischen Vorkenntnissen, aus den gegebenen Anfangswerten die gesuchten Endwerte finden.

§ 36. Einleitende Beispiele.

Zur Einführung in die vektorielle Berechnungsweise statischer Größen beginnen wir mit der Betrachtung einiger einfacher Beispiele.

1. Beispiel.

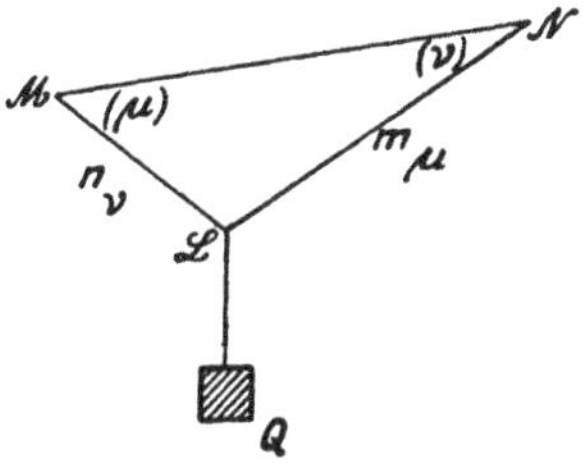

Fig. 38.

Ein Faden ist in M und N befestigt (Fig. 38) und trägt in L das Gewicht Q. Wie groß sind die Spannungen K_1 und K_2 in den Fadenteilen $LN = m$ und $LM = n$, wenn der Winkel $MLN = (\lambda)$ ist?

Lösung:

Winkel $NML = (\mu) = \|n - m_{-\lambda}\|$.

Daher ist Winkel $MNL = (\nu) = 180 - (\lambda) - (\mu)$. Somit $K_1 = Q_\mu^\nu$ und $K_2 = Q_\nu^\mu$. Die analytische Rechnung gibt z. B. für $|K_1|$ den Wert

$$\frac{m - n\cos(\lambda)}{\sin(\lambda)\sqrt{m^2 + n^2 - 2\,m\,n\cos(\lambda)}}$$

2. Beispiel.

Zwei Gewichte P und Q sind an einem Faden befestigt, der bei B über eine Rolle läuft (Fig. 39). P hängt frei herab. Q liegt auf einer schiefen glatten Ebene, deren Neigung α ist. In welcher Entfernung b von A ist Q im Gleichgewicht?

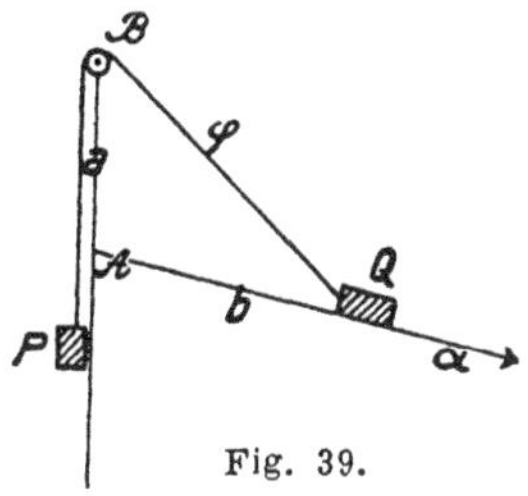

Fig. 39.

Lösung: $\varphi = \left\| Q_{90}{}^{\alpha+90}_{\mathrm{P}} \right\|$; denn es ist, falls N die Auflagerkraft unter Q bezeichnet

$$N_{90+\alpha} + P_\varphi = Q_{90}.$$ Ferner ist $b = a\,{}^{\varphi}_{\alpha}$.

Die analytische Lösung bestimmt b aus der Gleichung

$$b^2 + 2\,a\,b\cos\alpha = \frac{(Q^2 - P^2)\,a^2\cos^2\alpha}{P^2 - Q^2\cos^2\alpha}$$

Der Wert von b ans dieser Gleichung wird, mithin ein verwickelter algebraischer Ausdruck.

3. Beispiel (Erddruck).

Der Erddruck wird im allgemeinen graphisch mit Hilfe der Poncelet-schen Zeichnung ermittelt. Bequeme Rechenformeln sind bisher nur für besondere Fälle vorhanden.

Nachstehend wird die ganz allgemein gehaltene Vektorlösung dieser Aufgabe gegeben.

Es bezeichnen: ϱ den natürlichen Böschungswinkel, ϱ' den Winkel zwischen der Richtung des Erddrucks E und der Lotrechten auf der Mauer, β die Neigung der Hinterfüllung,

$$\gamma_e' = \gamma_e + \frac{2p}{h}$$

das Einheitsgewicht der Hinterfüllung einschl. Auflast.

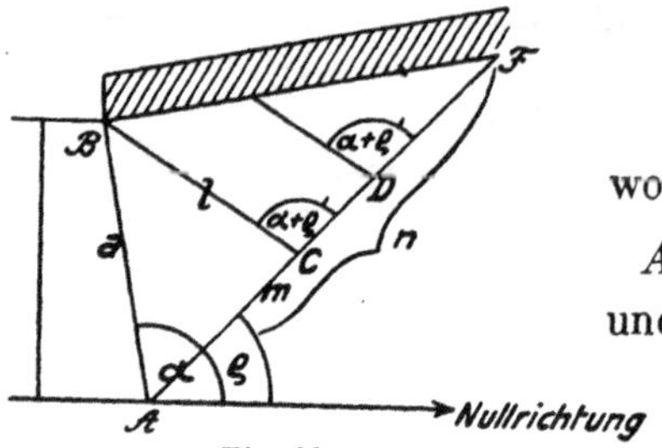

Fig. 40.

Nach der bekannten Konstruktion ist $E = \frac{1}{2}\gamma_e' \, x^2 \sin(\alpha + \varrho')$, wobei

$$A\,D = \sqrt{A\,C \cdot A\,F} = \sqrt{m\,n} \quad \text{(Fig. 40)}$$

und

$$x = \frac{l(n - \sqrt{m\,n})}{n - m}$$

Daher wird $E = \frac{\gamma_e'}{2}\, m \left(\frac{l}{\sqrt{m} + \sqrt{n}}\right)^2 \sin(\alpha + \varrho')$.

Darin ist

$$\left.\begin{aligned} l &= a_\alpha \frac{\varrho}{\alpha + \varrho + \varrho'} \\ m &= a_\alpha \frac{\alpha + \varrho + \varrho'}{\varrho} \\ n &= a_\alpha \frac{\beta}{\varrho} \end{aligned}\right\} \text{ unter Ablesung in ununterbrochener Folge.}$$

Um sämtliche 3 Größen l, m, n zu finden, hat man am Instrument im ganzen nur 5 Einstellungen und 3 Ablesungen nötig.

4. Beispiel (Flächenermittlung).

Ein beliebiges Polygon habe, bezogen auf einen im Innern gelegenen Anfang, die Eckpunkte

$$r_{1\,\varrho_1} = \mathrm{R}_1$$
$$r_{2\,\varrho_2} = \mathrm{R}_2$$
usw.

Wie groß ist seine Fläche?

Lösung: $$2F = \Sigma\, \mathrm{R}_n \overline{\mathrm{R}}_{n+1} \frac{0}{90}$$

Denn es ist $2F = r_1 r_2 \sin(\varrho_1 - \varrho_2) + r_2 r_3 \sin(\varrho_2 - \varrho_3) \ldots$. Man hat also die vektorielle Summe zu bilden

$$r_1 r_{2\,\varrho_1 - \varrho_2} + r_2 r_{3\,\varrho_2 - \varrho_3} \ldots$$

.... und dann die Ordinate zu nehmen. Anwendung: Wie groß ist die Fläche eines beliebigen einem Kreise eingetragenen Vielecks, dessen Zentriwinkel (α_1), (α_2) ... sind?

Lösung: $$2F = r^2 \cdot \Sigma\, 1_{(\alpha)} \frac{0}{90}$$

5. Beispiel (Ermittlung von Schwerpunkten).

Die einzelnen Massenpunkte eines räumlichen Punkthaufens m_1, m_2, m_3 .... seien gegeben der Lage nach durch die Vektoren R_1, R_2, R_3, ... dann ist der Schwerpunktsvektor bekanntlich

$$S = \frac{\Sigma m R}{\Sigma m}$$

Anwendung. Der Schwerpunktsvektor eines beliebigen Vierecks, bezogen auf einen Eckpunkt 0 (Fig. 41), ist gegeben durch

$$3\,S = -2 \cdot (1)^2_3 + (1) + (2) + (3).$$

Die Ablesung erfolgt in ununterbrochenem Zuge.

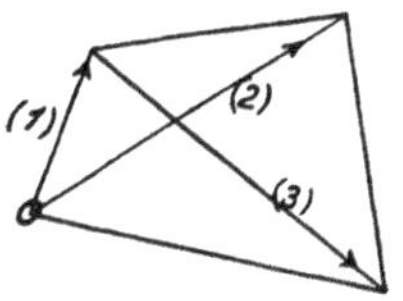

Fig. 41.

6. Beispiel (Culmannsches Viereck).

Die der Lage, Größe und Richtung nach gegebene Kraft P soll nach drei gegebenen Richtungen 1, 2 und 3, die sich nicht in einem Punkte schneiden, zerlegt werden (Fig. 42).

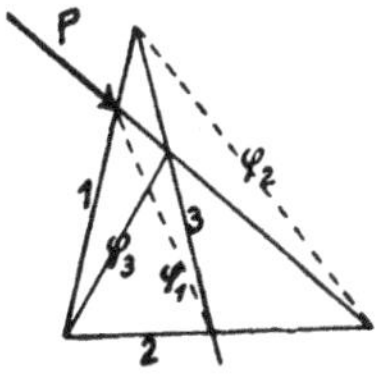

Fig. 42.

Lösung:

Es habe die Verbindungslinie der Schnittpunkte
von P und 1 und von 2 und 3 die Richtung φ_1,
von P und 2 und von 1 und 3 die Richtung φ_2,
von P und 3 und von 1 und 2 die Richtung φ_3.

Dann sind die gesuchten Teilkräfte von P nach den drei Richtungen 1, 2 und 3 bestimmt durch die Formeln

$$Q_1 = P^{\varphi_1}_{1} = P^{2\,3}_{\varphi_2 1} = P^{3\,2}_{\varphi_3 1}$$

$$Q_2 = P^{\varphi_2}_{2} = P^{1\,3}_{\varphi_1 2} = P^{3\,1}_{\varphi_3 2}$$

$$Q_3 = P^{\varphi_3}_{3} = P^{2\,1}_{\varphi_2 3} = P^{1\,2}_{\varphi_1 3}$$

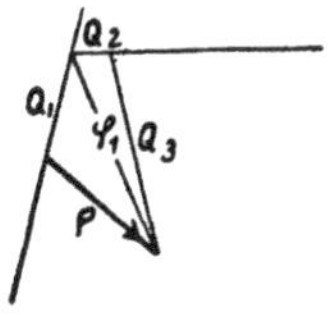

Fig. 43.

Vgl. hierzu auch z. B. Fig. 43.

Anwendung. Für nebenstehendes Fachwerk soll die Stabkraft x ermittelt werden (Fig. 44).

Jeder Knotenpunkt ist, etwa bezogen auf den Anfang 0 am linken Auflager, durch einen Vektor gegeben.

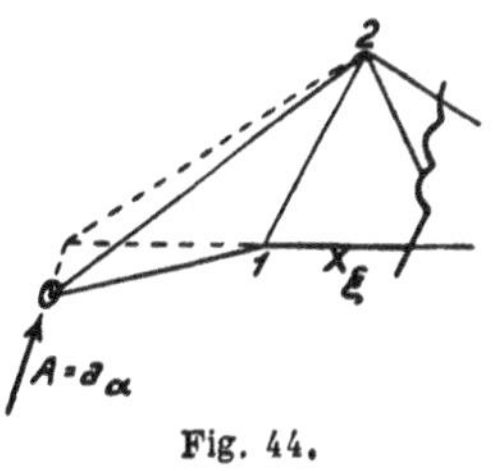

Fig. 44.

Also ist der Schnittpunkt von A und x_ξ gegeben durch den Vektor $(1)^\xi_\alpha$ und die Richtung der Verbindungslinie zwischen diesem Schnittpunkt und dem Punkt (2), d. h. dem Schnittpunkt der beiden anderen Stabkräfte, nach denen A zu zerlegen ist, wird

$$\|(1)^\xi_\alpha - (2)\| = \varphi. \quad \text{Daher } x = A^{\varphi}_{\xi}$$

7. Beispiel (Auflagerkräfte) (Fig. 45).

Die Mittelkraft der angreifenden Kräfte sei $P = p_\varphi$. Sie gehe durch den Punkt R (Anfang rechtes Auflager). Dann ist

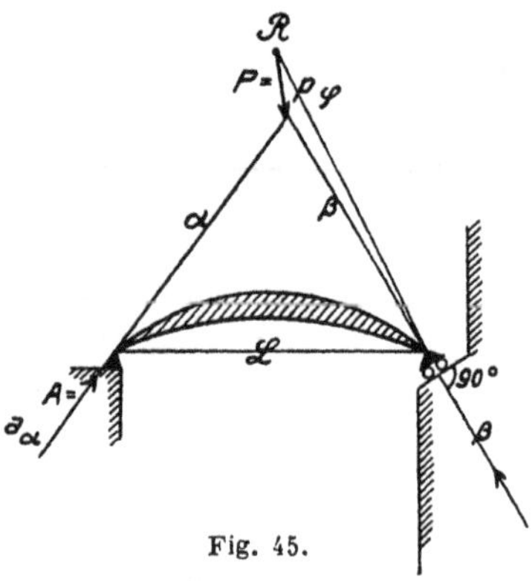

Fig. 45.

$$\|A\| = a = \|R^\varphi_\beta - L\|$$

Damit ist Größe wie auch Richtung beider Auflagerkräfte bestimmt. Es ist

$$A = P^\beta_\alpha \text{ und } B = P^\alpha_\beta$$

§ 37. Die Cremonaschen Kräftepläne.

In der graphischen Statik sind von besonderer Bedeutung:

1. Die Cremonaschen Kräftepläne,
2. das Seilpolygon und
3. die Verschiebungspläne.

Wir wenden uns zunächst zum Ersatz der Cremonaschen Kräftepläne durch die Vektorrechnung.

Diese Kräftepläne werden gebraucht bei allen ebenen und räumlichen Fachwerken, mag es sich um statisch bestimmte einfache oder nicht einfache, oder mag es sich um statisch unbestimmte Konstruktionen handeln.

Immer sind bei diesen Ermittlungen Kräfte in mannigfacher Weise zu summieren oder wieder zu zerlegen. Es leuchtet ein, daß gerade für diese Zwecke das vektorielle Rechnen besondere Vorteile gewähren muß.

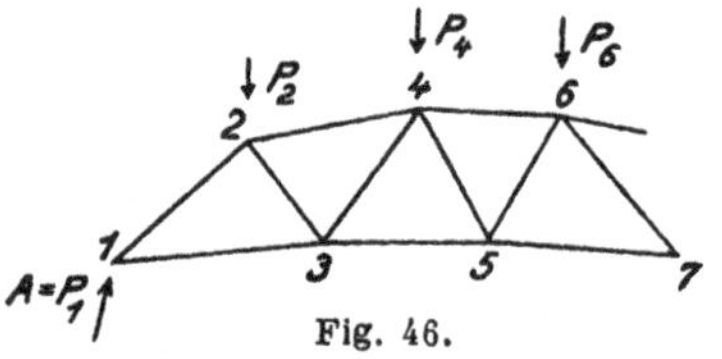

Fig. 46.

Für das anzustrebende Rechenschema ist eine feststehende zweckmäßige Bezeichnung wichtig. In der nebenstehenden Fig. 46 ist ein beliebiges einfaches Fachwerk skizziert. Jeder Knotenpunkt erhält der Reihe nach eine Zahl. Die Stabkräfte bezeichnen wir durch die den betreffenden Stab begrenzenden Knotenpunkte, z. B. die Stabkraft von Punkt 1 nach Punkt 2 mit 1_2 und umgekehrt die Stabkraft von Punkt 2 nach 1 mit 2_1. Die angreifenden Kräfte werden bezeichnet durch die Knotenpunkte, auf die sie einwirken. So wirkt am Punkt 2 die Kraft P_2, am Punkt 4 die Kraft P_4. Die Auflagerkräfte seien $A = P_1$ und $B = P_n$, wobei n die Nummer des letzten Knotenpunktes ist.

Dann gelten folgende Gesetze:

1. In jedem Stabe halten sich die beiden inneren Kräfte das Gleichgewicht. Z. B. ist am Stab zwischen Punkt 1 und 2

$$1_2 + 2_1 = 0 \text{ oder } 1_2 = -2_1$$

und allgemein für den Stab zwischen den Knotenpunkten i und k

$$i_k + k_i = 0 \text{ oder } i_k = -k_i.$$

2. An jedem Knotenpunkt stehen die angreifenden inneren und äußeren Kräfte im Gleichgewicht. Z. B. ist für den Auflagerpunkt:

$$P_1 + 2_1 + 3_1 = 0$$

und etwa für den Punkt 2

$$P_2 + 1_2 + 3_2 + 4_2 = 0.$$

Allgemein ist für den Punkt k, dem die Knotenpunkte i, l, m .... benachbart sind,

$$P_k + i_k + l_k + m_k \ldots = 0.$$

Aus diesen beiden Gesetzen folgt ein sehr übersichtliches Rechenverfahren. Zunächst ist entsprechend $P_1 + 2_1 + 3_1 = 0$ wegen

$$2_1 = -1_2$$

und

$$3_1 = -3_1$$

$$P_1 = 1_2 + 1_3,$$

woraus folgt

$$1_2 = P_1{}^3_2$$

$$1_3 = P_1{}^2_3$$

Da ferner $P_2 + 1_2 = 2_3 + 2_4$, folgt

$$2_3 = (1_2 + P_2)^4_3$$

$$2_4 = (1_2 + P_2)^3_4.$$

Weiter wird, da $1_3 + 2_3 = 3_4 + 3_5$

$$3_4 = (2_3 + 1_3)^5_4$$

$$3_5 = (2_3 + 1_3)^4_5 \quad \text{usw.}$$

Die Komponenten 1_2, 2_3, mit denen dann weiter gerechnet wird, werden am Zeiger abgelesen.

Man kann also der Reihe nach alle Spannungen, und zwar immer zwei gemeinsam, in ununterbrochenem Zuge ablesen. In den Klammern treten stets nur die Summen von bereits bekannten Kräften auf. Jede solche Summe enthält alle auf den betreffenden Knotenpunkt wirkenden Kräfte bis auf zwei neu abzulesende.

Die richtigen Vorzeichen für die Kräfte ergeben sich bei der mechanischen Komponentenablesung ganz von selbst; und zwar bedeuten, wie sonst, positive Kräfte Druckspannungen, negative Zugspannungen.

Im übrigen braucht man sich aber um die Pfeile der Stabrichtungen nicht zu kümmern, da ja

$$a^{\beta+180}_{\gamma+180} = a^{\beta}_{\gamma} \text{ ist.}$$

Das Ableseverfahren ist so leicht zu handhaben, daß seine Überlegenheit gegenüber der zeichnerischen Ermittlung durch die Kräftepläne in die Augen springt.

1. Rechenbeispiel.

In Fig. 47 geben die an den Stabrichtungen eingetragenen Zahlen diese Richtungen in Graden.

Die Ablesungen (oder Konstruktionen) erfolgen nach dem Schema:

Punkt	Richtung der zwei unbekannten Kräfte	Summe der bekannten Kräfte	
1	2 3	P_1	1,16 —0,58
2	3 4	1_2	—1,16 1,16
3	4 5	$2_3 + 1_3$	1,16 —1,75
4	φ_4 5	$3_4 + 2_4$	—4 3,5

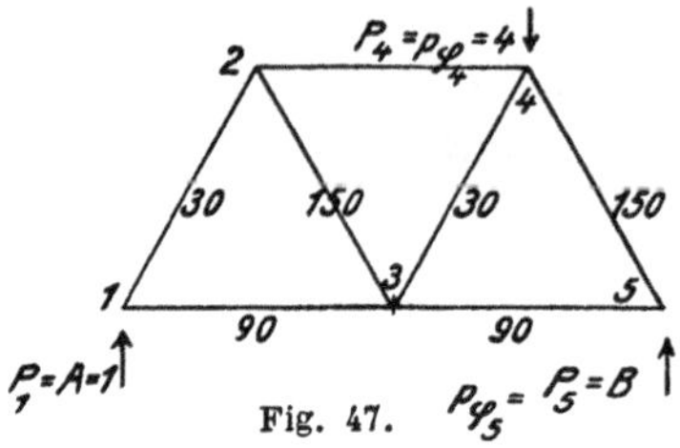

Fig. 47.

Erläuterung des Ableseschemas.

Es ist z. B.

$$2_3 = 1_{2\,3}^{\;4} = 1,16_{30\;150}^{\;90} = -1,16 \text{ und}$$

$$2_4 = 1_{2\,4}^{\;3} = 1,16_{30\;90}^{\;150} = 1,16.$$

Denn beim Punkt 2 liegt Punkt 3 in Richtung 150 und Punkt 4 in Richtung 90.

Am Zeiger werden abgelesen die Komponenten, mit denen unmittelbar anschließend weiter gerechnet wird, also 1_2, 2_3, 3_4.

Die Kraft $4_{\varphi_4} = -P_4$ ergibt die Kontrolle der Rechnung. Als weitere Kontrolle könnte man noch die Gleichung $5_{\varphi_5} = -P_5 = 4_5 + 3_5$ benutzen.

2. Beispiel (Fig. 48).

1	2 3	P_1	4 —3,5
2	3 4	$1_2 + P_2$	—0,9 3,6
3	4 5	$2_3 + 1_3$	1,6 —2,1
4	5 6	$3_4 + 2_4 + P_4$	1,6 3,6

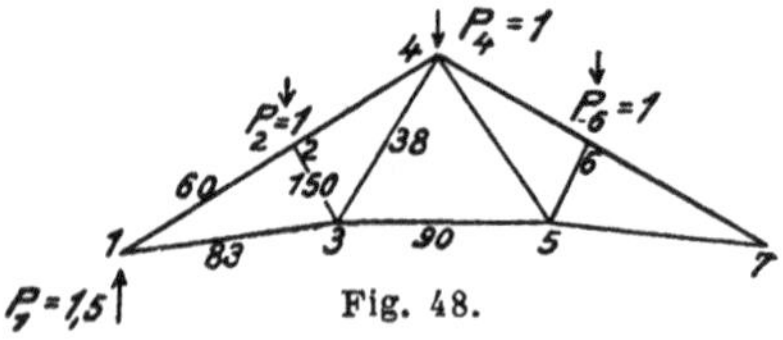

Fig. 48.

Erläuterung des Schemas.

Es ist z. B. die Stabkraft

$$3_4 = (2_3 + 1_3)_4^5 = (-0,9_{150} - 3,5_{83})_{38}^{90}$$

Denn für Punkt 3 liegt 4 in Richtung 38 und 5 in Richtung 90.

3. Beispiel (Fig. 49).

Schema:

1	2 3	P_1
2	3 4	$1_2 + P_2$
3	4 5	$2_3 + 1_3$
4	5 6	$3_4 + 2_4 + P_4$
5	6 7	$4_5 + 3_5$
6	7 8	$5_6 + 4_6 + P_6$
7	8 9	$6_7 + 5_7$
8	9 α	$7_8 + 6_8$

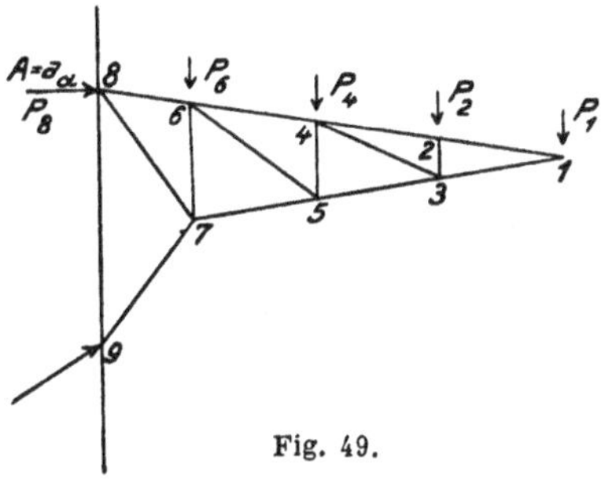

Fig. 49.

Am Zeiger sind abzulesen die Komponenten, mit denen weiter gerechnet wird, also 1_2, 2_3, 3_4, 4_5, 5_6, 6_7, 7_8.

Hinsichtlich der Auflagerkräfte wird noch bemerkt:

Hat das Fachwerk m Knotenpunkte, so hat man, da es statisch bestimmt sein soll, $2m - 3$ unbekannte Stabkräfte (nach der Lehre vom ebenen Fachwerk). Man hat aber für jeden Knotenpunkt eine Vektorgleichung, im ganzen also m Vektorgleichungen. Diese sind gleichbedeutend mit $2m$ skalaren Gleichungen. Daher hat man drei Gleichungen zuviel und kann somit drei Auflagerbedingungen als unbekannt ansehen. Man kann nach den Gesetzen der Komponentenbildung diese Auflagerbedingungen vektoriell ermitteln. Sind andererseits die Auflagerkräfte nach Größe und Richtung bereits bestimmt, so hat man stets drei Kontrollen.

§ 38. Die nicht einfachen Fachwerke.

Man hat bisher für die Untersuchung der nicht einfachen Fachwerke im wesentlichen folgende Methoden:

1. Die Methode der Ersatzstäbe,
2. der imaginären Gelenke,
3. der virtuellen Verschiebungen.

Die vektorielle Rechenweise löst die Aufgabe unmittelbar ohne irgendwelche Kunstgriffe aus den m Vektorgleichungen, die für jedes Fachwerk mit m Knotenpunkten zur Verfügung stehen. Es ist nur noch nötig, für die Praxis ein zweckmäßiges Schema zu ermitteln.

Wir gehen von der sechseckigen Grundfigur aus, an der sich die Lehre vom nicht einfachen Fachwerk entwickelt hat.

Das Fachwerk in Fig. 50 hat sechs Knotenpunkte am Rande, in der Mitte liegt kein Knotenpunkt. Es sei gesucht $2_1 = x_\xi$. Dann ist der Reihe nach:

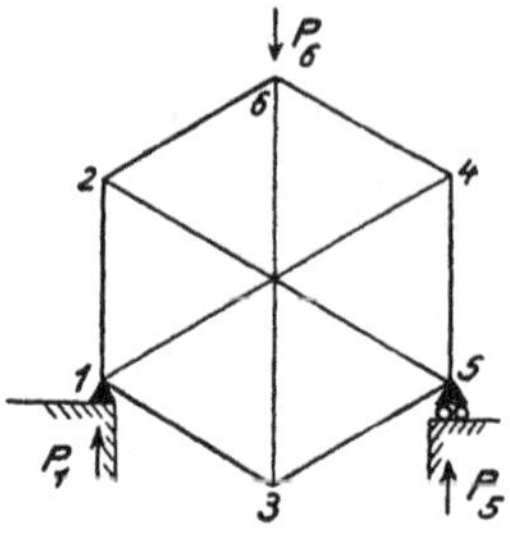

Fig. 50.

$$(P_1 + 2_1)_4^3 = 1_4$$
$$4_6 = 1_{46}^{5}$$
$$6_2 = (4_6 + P_6)_2^3$$
$$2_1 = 6_{21}^{5}$$

oder in einer Gleichung

$$\left[(P_1 + 2_1)_{46}^{35} + P_6\right]_{21}^{35} = 2_1$$

Die Klammern werden nach dem distributiven Gesetz der Komponentenbildung aufgelöst und die Unbekannte $|2_1|$ bestimmt. Man erhält, da $2_1 = x_\xi = x \cdot 1_\xi$

$$x = \frac{P_{1\,4\,6\,2\,1}^{3\,5\,3\,5} + P_{6\,2\,1}^{3\,5}}{1_\xi - 1_{\xi\,4\,6\,2\,1}^{3\,5\,3\,5}}$$

Bei dieser Lösung wurde 2_1 bestimmt aus dem Stabviereck 1, 4, 6, 2. Wir hätten sie aber auch aus dem Viereck 1, 2, 5, 3 ermitteln können. Ebenso hätte man irgendeine andere Stabspannung als unbekannt betrachten können. Dadurch, daß man in irgendeinem Viereck der Grundfigur die Stabspannungen bestimmt, erhält man stets zwei Werte für die unbekannte Spannung. Deren Gleichsetzung ergibt die Unbekannte selbst.

Für die Rechenpraxis ist es zweckmäßig, Zähler und Nenner der Ausdrücke für die gesuchte Spannung zu betrachten. Alle diese Ausdrücke sind von der Form, die wir für x gefunden haben.

Entsprechend der Bildung des Zählers und des Nenners kann man zwei Belastungszustände unterscheiden.

Für den Zähler gilt der Belastungszustand I: es wirken nur die äußeren Kräfte P_1 und P_6, dagegen ist $2_1 = 0$. Rechnet man mit diesem ideellen Belastungszustand im Viereck 1, 4, 6, 2 weiter, so stößt man auf einen Widerspruch. Denn es wird 2_1 nicht zu null, sondern erhält den Wert des Zählers, nämlich

$$P_{1\,4\,6\,2\,1}^{3\,5\,3\,5} + P_{6\,2\,1}^{3\,5};$$

Dem Nenner entspricht der Belastungszustand II: Die äußeren Kräfte P_1 und P_6 sind gleich null gesetzt, dagegen ist jetzt die Stabkraft $|2_1|$ gleich der Krafteinheit. Rechnet man mit dieser Annahme weiter, dann erhält man im Viereck 1, 4, 6, 2 einen zweiten Wert für 2_1. Der Widerspruch ist dann der Unterschied zwischen dem angenommenen Wert $2_1 = 1_\xi$ und dem errechneten. Dieser Widerspruch

$$1_\xi - 1_{\xi\,4\,6\,2\,1}^{3\,5\,3\,5}$$

ist der Wert des Nenners.

Die Nennerdeterminante kann man als die von der jeweiligen Belastung unabhängige Invariante des Fachwerks ansehen. Verschwindet sie, so wird die Stabspannung $|2_1| = \infty$, d. h. das Fachwerk wird labil und für die Praxis unbrauchbar.

Nach diesen Vorbetrachtungen ist es leicht, das Rechenschema für die Ablesung der Stabkräfte aufzustellen. Jede Stabspannung ist, falls die Spannungen gemäß Zustand I durch einen Strich, diejenigen gemäß Zustand II durch zwei Striche gekennzeichnet werden,

$$p_m = p_m' + x p_m''.$$

Daher Rechenschema:

		I	II	I + xII
1	3 4	P_1	1ξ	
4	5 6	$1_4'$	$1_4''$	
6	3 2	$4_6' + P_6$	$4_6''$	
2	5 1	$6_2'$	$6_2''$	

Dabei ist $x = \dfrac{2_1'}{1\xi - 2_1''}$.

B e m e r k u n g. Es werden abgelesen zusammen z. B. die Spannungen

$$4_6' \text{ und } 4_6'',$$

sowie

$$4_5' \text{ und } 4_5''.$$

Nach dem Schema ist z. B.

$$6_2' = (4_6' + P_6)_2^3 \text{ und } 6_2'' = 4_{6\,2}''^{\,3}.$$

Schließlich sei noch darauf hingewiesen, daß die Methode der Ersatzstäbe in diesem umfassenden vektoriellen Rechenverfahren miteinbegriffen ist. Auch bei ihr unterscheidet man die hier betrachteten Belastungszustände. Man erhält in dem nur gedachten Ersatzstabe bei beiden Belastungszuständen Spannungen, während doch die Spannung in diesem gar nicht vorhandenen Stabe gleich null sein muß. Die errechneten Spannungen des Ersatzstabes für beide Belastungsfälle sind also die Widersprüche, und der Quotient dieser Widersprüche ist wieder die gesuchte Stabkraft.

Wie das gegebene Schema zeigt, kommt das vektorielle Verfahren mit nur einmaliger Ablesung aus. Dagegen erfordert das graphische die Zeichnung von d r e i K r ä f t e p l ä n e n, um die Spannungen zu finden.

Zur weiteren Erläuterung diene noch das Fachwerk nach Fig. 51.

		I	II	I + x II
1	2 3	P_1	1_ξ	
2	3 4	$1_2'$	$1_2''$	
3	5 6	$2_3' + 1_3'$	$2_3'' + 1_3''$	
4	10 5	$2_4'$	$2_4''$	
5	7 8	$4_5' + 3_5' + P_5$	$4_5'' + 3_5''$	
7	9 6	$5_7'$	$5_7''$	
6	10 1	$7_6' + 3_6'$	$7_6'' + 3_6''$	

$$6_1 = x_\xi; \quad x = \frac{6_1'}{1_\xi - 6_1''}$$

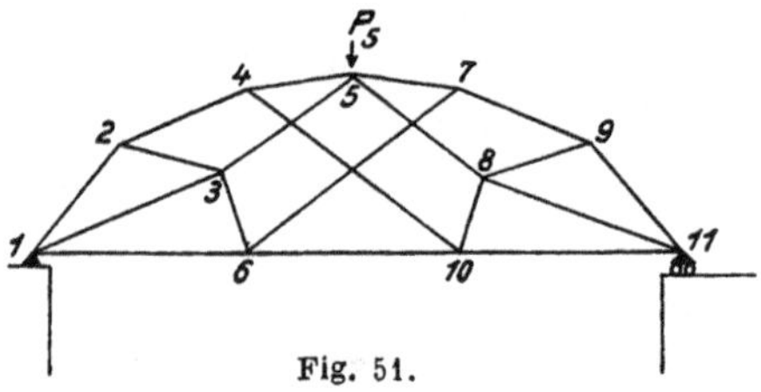

Fig. 51.

Erläuterung.

Es ist z. B.

$$5_8' = (4_5' + 3_5' + P_5)_8^7 \quad \text{und}$$

$$5_8'' = (4_5'' + 3_5'')_8^7, \quad \text{daher}$$

$$5_8 = 5_8' + x\,5_8''.$$

Statt im Vieleck 1, 2, 4, 5, 7, 6 herumzurechnen, hätte man auch das Vieleck 1, 2, 4, 5, 8, 10, 6 benutzen können.

Sind mehrere unbekannte Stabkräfte einzuführen, so erhält man ebensoviel lineare Gleichungen. Man hat nämlich dann entsprechend mehr Belastungszustände zu unterscheiden:

I: Alle unbekannten Stabspannungen sind null, es wirken nur die äußeren Kräfte,

II: alle äußeren Kräfte sind null, es wirkt nur die Stabkraft x mit der Krafteinheit, auch die übrigen gesuchten Stabkräfte y, z . . . sind null;

III. wie II, doch ist jetzt $y = 1$, während $x, z \ldots = 0$ usw.

Dann ist die beliebige Stabspannung

$$p_m = p_m' + x p_m'' + y p_m''' \ldots.$$

Das Ableseschema ist sinngemäß dasselbe.

Die Werte x, y, z ergeben sich aus den linearen Gleichungen:

$$x_\xi = 1_\xi' + x\,1_\xi'' + y \cdot 1_\xi''' \ldots.$$

$$y_\eta = 1_\eta' + x\,1_\eta'' + y \cdot 1_\eta''' \ldots.$$

usw.

Die Auflösung dieser linearen Gleichungen erfolgt zweckmäßig nach § 20.

§ 39. Die statisch unbestimmten ebenen Fachwerke.

Nach dem üblichen graphischen Verfahren ersetzt man die überzähligen Stäbe x, y ... durch Kräfte, die an ihren Endpunkten angreifen und unterscheidet wieder verschiedene Belastungszustände.

Zustand I: Nur die äußeren Kräfte wirken, die Stabkräfte x, y ... sind null.

Zustand II: In x wirkt nur die Krafteinheit, alle äußeren Kräfte und die übrigen gesuchten Stabkräfte sind null.

Zustand III wie II, nur ist jetzt $y = 1$, während alle übrigen Kräfte gleich null gesetzt werden.

Diesen verschiedenen Belastungsfällen gemäß hat man ebenso viele Kräftepläne zu zeichnen.

Schließlich wird nach der Methode der kleinsten Quadrate die Summe $\Sigma\, q\,(p_m' + x p_m'' + y p_m''' \ldots)^2$ zu einem Minimum gemacht, oder, was dasselbe ist, nach der Methode der virtuellen Verschiebungen die bei einer virtuellen Verrückung geleistete Arbeit gleich null gesetzt. Daraus ergeben sich die x, y ... Die Größen q_i sind dabei unter Verwendung der sonst üblichen Bezeichnungen $= \frac{l_i}{E F_i}$.

Das vektorielle Verfahren lehnt sich an diese Ermittlungsweise an. Doch erzielt man den Vorteil, daß die Zeichnung der verschiedenen Kräftepläne fortfällt und die Grundlagen für die vorerwähnte Minimumsbedingung durch ein einziges Ableseschema gewonnen werden.

§ 40. Die räumlichen Fachwerke.

Die Behandlung der räumlichen Fachwerke ist von derjenigen der ebenen nicht grundsätzlich verschieden. Man hat wieder, während die für das ebene Fachwerk angewandten Bezeichnungen sinngemäß beibehalten werden, bei m Knotenpunkten m räumliche Vektorgleichungen. Diese sind gleichbedeutend mit $3\,m$ skalaren linearen Gleichungen. Nach der Lehre vom statisch bestimmten räumlichen Fachwerk sind $3\,m - 6$ unbekannte Stabkräfte zu ermitteln. Man hat daher 6 überschüssige Gleichungen. Damit kann man 6 Auflagerbedingungen bestimmen.

Ferner gelten für die Summierung und Komponentenbildung dieselben Gesetze wie in der Ebene. Namentlich ist von besonderer Bedeutung, daß auch für die Raumkomponenten das distributive Gesetz gilt (vgl. § 33). Das Rechenverfahren bleibt also an sich dasselbe, wenngleich naturgemäß im Raume die Rechnungen nicht so einfach durchzuführen sind wie in der Ebene.

Für die Veranschaulichung genügt eine rohe Skizze, am besten Grundrißskizze mit eingetragenen Knotenpunkten und Raumrichtungen.

Dieselben Gesichtspunkte gelten für die vektorielle Untersuchung der statisch unbestimmten räumlichen Fachwerke.

Vgl. weiter hierzu noch § 49.

§ 41. Die Mittelkraft gegebener Kräfte und das Seileck.

Die graphische Statik löst die Aufgabe, die Mittelkraft gegebener Kräfte zu finden, vor allem durch die Zeichnung von Krafteck und Seileck.

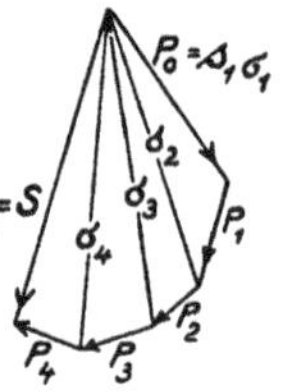

Fig. 52a.

Der vektoriellen Statik stehen für diesen Zweck mehrere Verfahren zu Gebote.

Wir wenden uns zunächst zur Bestimmung der Mittelkraft durch einen vektoriellen Kräftezug.

Es seien gegeben ihrer Lage, Größe und Richtung nach die Kräfte P_0, P_1, P_2, P_3, P_4. Der Angriffspunkt von P_4 sei R_4, der von P_3 sei $R_3 = R_4 + U_4$, von P_2 sei $R_2 = R_3 + U_3$ usw.

Dann bildet man zunächst in Anlehnung an das Krafteck (Fig. 52a)

$$\left.\begin{aligned} P_0 &= s_{1\sigma_1} \\ P_0 + P_1 &= s_{2\sigma_2} \\ s_{2\sigma_2} + P_2 &= s_{3\sigma_3} \\ s_{3\sigma_3} + P_3 &= s_{4\sigma_4} \\ s_{4\sigma_4} + P_4 &= s_\sigma = S \end{aligned}\right\}$$

wobei nur Ablesen von σ_2, σ_3 . . . und der Resultierenden S nötig.

Die Fig. 52b ergibt dann folgendes Ableseschema zur Bestimmung der Lage von S:

$$M_1 = U_{1\varphi_1}^{\sigma_1} \qquad T_2 = M_1 + U_2$$

$$M_2 = T_{2\varphi_2}^{\sigma_2} \qquad T_3 = M_2 + U_3$$

$$M_3 = T_{3\varphi_3}^{\sigma_3} \qquad T_4 = M_3 + U_4$$

$$M_4 = T_{4\varphi_4}^{\sigma_4}$$

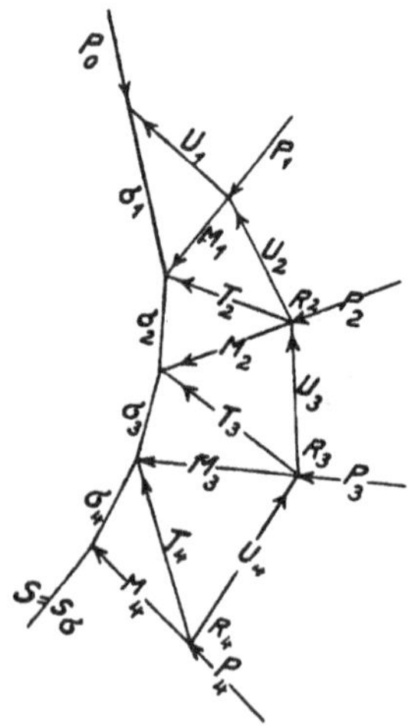

Fig. 52b.

Der Angriffspunkt der Resultierenden $S = s_\sigma$ ist:

$$R_4 + M_4$$

Die einzelnen Punkte der Seil- oder Stützlinie sind ferner bestimmt durch $R_3 + M_3$, $R_2 + M_2$ usw.

Das Ableseschema ist ganz allgemein:

$$M_1 = T_{1\varphi_1}^{\sigma_1} =$$
$$U_2 =$$
$$T_2 =$$
$$M_2 = T_{2\varphi_2}^{\sigma_2} =$$
$$U_3 =$$
$$T_3 =$$
$$M_3 = T_{3\varphi_3}^{\sigma_3} =$$
$$U_4 =$$
$$T_4 =$$
$$M_4 = T_{4\varphi_4}^{\sigma_4} =$$

Das übersichtliche Schema gestattet, aus den Anfangswerten die erforderlichen Ablesungen in ununterbrochenem Zuge auszuführen.

Sind sämtliche Kräfte gleich gerichtet mit Ausnahme von $P_0 = p_{\varphi_0} = s_{1\sigma_1}$, so ist $\varphi = \varphi_1 = \varphi_2 = \varphi_3$, und man erhält

$$M_1 = U_{1\varphi}^{\sigma_1}$$
$$M_2 = U_{2\varphi}^{\sigma_2} + U_{1\varphi}^{\sigma_1}$$
$$M_3 = U_{3\varphi}^{\sigma_3} + U_{2\varphi}^{\sigma_2} + U_{1\varphi}^{\sigma_1}$$
$$M_i = \sum_1^i U_{i\varphi}^{\sigma_i}.$$

Dann sind alle Vektoren M gleich gerichtet, man braucht sie nur algebraisch zu addieren.

§ 42. Das Seileck mit Polstrahlen.

Ein zweites vektorielles Verfahren lehnt sich an das graphische Verfahren bei Verwendung des Seilecks mit Polstrahlen an.

Man bildet zunächst für einen beliebigen Anfangsvektor H entsprechend dem Poleck (Fig. 53a)

$$\left.\begin{aligned} H &= s_{1\sigma_1} \\ s_{1\sigma_1} + P_1 &= s_{2\sigma_2} \\ s_{2\sigma_2} + P_2 &= s_{3\sigma_3} \\ s_{3\sigma_3} + P_3 &= s_{4\sigma_4} \\ \text{sowie } \Sigma P &= s_{4\sigma_4} - H = S \end{aligned}\right\}$$

wobei nur Ablesen von σ_2, σ_3 und $s_{4\sigma_4}$ nebst S nötig.

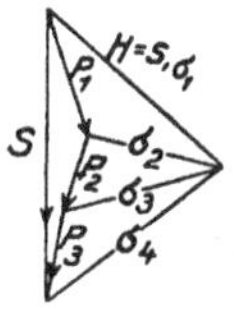

Fig. 53 a.

Dann ist wieder das Ableseschema (Fig. 53b)

$M_1 = T_{1\varphi_1}^{\sigma_1}$	$T_2 = M_1 + U_2$
$M_2 = T_{2\varphi_2}^{\sigma_2}$	$T_3 = M_2 + U_3$
$M_3 = T_{3\varphi_3}^{\sigma_3}$	usw.

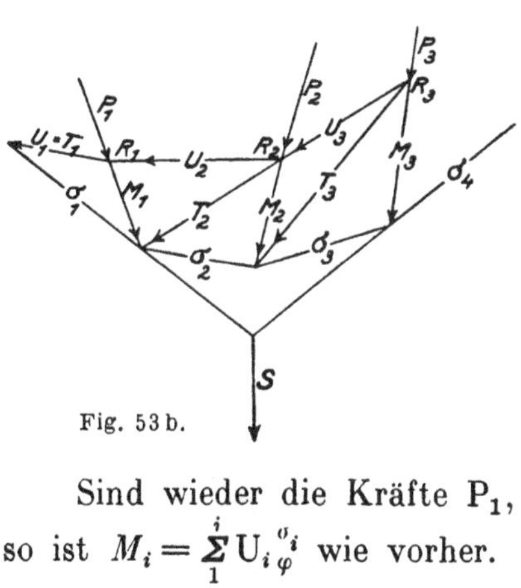

Fig. 53 b.

Die Resultierende S geht durch den Punkt

$$(R_3 + M_3)_{\sigma_1}^{\sigma_4}$$

Sind wieder die Kräfte P_1, P_2, P_3 ... sämtlich gleich gerichtet, so ist $M_i = \sum_1^i U_{i\varphi}^{\sigma_i}$ wie vorher.

Beim vektoriellen Bilden des Seilecks ist also stets dasselbe Ableseschema maßgebend, wobei die Ablesungen in ununterbrochener Folge stattfinden können.

Handelt es sich z. B. darum, für einen beliebigen Fachwerksträger oder sonstigen Träger auf zwei Stützen die Mittelkraft der angreifenden Kräfte und die Auflagerkräfte zu bestimmen, so bleibt das Verfahren dasselbe.

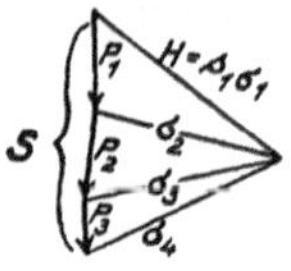

Fig. 54 a.

Es ist wieder (Fig. 54a) $H = s_{1\sigma_1}$ beliebig.

$$\left.\begin{aligned} s_{1\sigma_1} + P_1 &= s_{2\sigma_2} \\ s_{2\sigma_2} + P_2 &= s_{3\sigma_3} \\ s_{3\sigma_3} + P_3 &= s_{4\sigma_4} \end{aligned}\right\} \text{Nur Ablesen von } \sigma_2,\ \sigma_3 \text{ und von } s_{4\sigma_4} \text{ nötig}$$

und $\Sigma P = S = s_{4\sigma_4} - H$.

Ferner wird (Anfang linkes Auflager) (Fig. 54b):

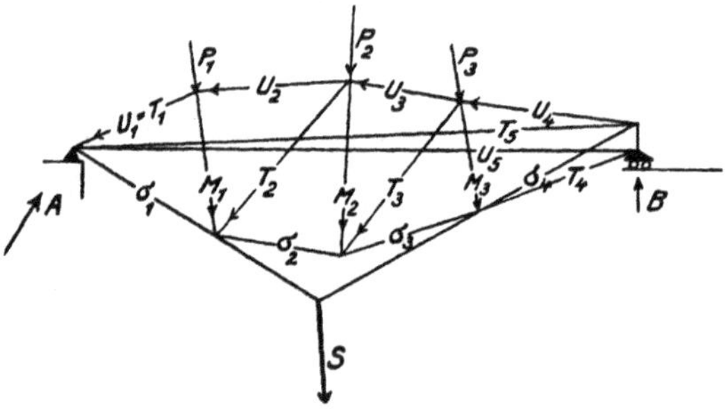

Fig. 54 b.

$M_1 = U_{1\varphi_1}^{\sigma_1}$	$T_2 = M_1 + U_2$
$M_2 = T_{2\varphi_2}^{\sigma_2}$	$T_3 = M_2 + U_3$
$M_3 = T_{3\varphi_3}^{\sigma_3}$	$T_4 = M_3 + U_4$
$M_4 = T_{4\varphi_4}^{\sigma_4}$	$T_5 = M_4 + U_5$

Die Mittelkraft geht durch den Punkt $T_{5\sigma_1}^{\sigma_4}$.

Die Auflagerkräfte sind ($T_5 = t_5\, \tau_5$)

$$B = H_{90}^{\tau_5}$$

$$A = S - H_{90}^{\tau_5}$$

Sind alle Kräfte P_1, P_2 ... gleich gerichtet, so wird wieder

$$M_i = \Sigma\, U_{i\varphi}^{\sigma_i}$$

Die Momente werden bestimmt wie folgt:

Die von den Seilstrahlen und T_5 eingeschlossene Fläche ist die Momentenfläche. Die Momente für die Angriffspunkte (Knotenpunkte) sind daher der Reihe nach

$$M_1 - R_1{}_{\varphi_1}^{\tau_5}$$
$$M_2 - R_2{}_{\varphi_2}^{\tau_5}$$
$$M_3 - R_3{}_{\varphi_3}^{\tau_5}$$
$$\cdots\cdots$$

In diesen Ausdrücken haben für jedes Moment z. B. etwa M_2 und $R_2{}_{\varphi_2}^{\tau_5}$ gleiche Richtung, es handelt sich also nur um algebraische Subtraktion.

Die Tabelle der Momente kennzeichnet die Momentenfläche. Überhaupt ersetzt die vektorielle Statik die Einflußlinien und Einflußflächen durch ein entsprechendes übersichtliches Tabellenschema.

§ 43. Der vektorielle Momentensatz der Ebene.

Als weiteres Mittel zur Bestimmung der Mittelkraft steht der vektoriellen Statik noch folgendes einfache Verfahren zur Verfügung.

Es seien

$$\left.\begin{array}{l} P_1 = p_{1\,\varphi_1} \\ P_2 = p_{2\,\varphi_2} \\ \text{usw.} \end{array}\right\} \text{ die angreifenden Einzelkräfte,}$$

ferner

$$\left.\begin{array}{l} R_1 = r_{1\,\varrho_1} \\ R_2 = r_{2\,\varrho_2} \\ \text{usw.} \end{array}\right\} \text{ die Vektoren irgendeines in der betreffenden Kraftrichtung gelegenen Punktes,}$$

$s_\sigma = S$ die Mittelkraft $= \Sigma P$ und

$t_\tau = T$ der Vektor eines auf ihr gelegenen (noch näher zu erörternden) Punktes,

so gilt der Satz (vektorieller Momentensatz der Ebene)

$$\Sigma\, \overline{P} \cdot R = T \cdot \Sigma\, \overline{P} = \overline{S} \cdot T$$

(wobei z. B. $\overline{P_1}$ der konjugierte Vektor von P_1 ist).

Stehen sämtliche Vektoren R senkrecht auf den Kraftvektoren P, so wird der vektorielle Momentensatz zum gewöhnlichen (skalaren) Momentensatz der Ebene.

In der Regel sind die Koordinaten irgendwelcher Angriffspunkte der Kräfte (z. B. der Knotenpunkte) bekannt. Man kann also den vektoriellen Momentensatz sofort anwenden.

Dagegen hat man für Verwendung des skalaren Momentensatzes erst die Krafthebelsarme zeichnerisch oder rechnerisch zu bestimmen. Oft entsteht dann bei dem graphischen Verfahren auch der Nachteil, daß die Momentenpunkte oder Lotpunkte außerhalb der verfügbaren Zeichenfläche fallen.

Der vektorielle Momentensatz gestattet ferner ein recht übersichtliches Ableseschema.

Rechenbeispiel.

Gegeben $R_1 = 4{,}4_{52}$, $R_2 = 6{,}8_{36}$, $R_3 = 10{,}6_{33}$, $R_4 = 14{,}5_{26}$ und $P_1 = 4_{264}$, $P_2 = 3_{284}$, $P_3 = 2_{324}$, $P_4 = 1_{282}$

Schema:

r_ϱ	p_φ	$p\,r_{\varrho-\varphi}$
$4{,}4_{52}$	4_{264}	$17{,}6_{148}$
$6{,}8_{36}$	3_{284}	$20{,}4_{112}$
$10{,}6_{33}$	2_{324}	$21{,}2_{69}$
$14{,}5_{26}$	1_{282}	$14{,}5_{104}$
$\Sigma P = S =$	$9{,}3_{283}$	$65{,}0_{106}$

$$T = \frac{65{,}0}{9{,}3}{}_{106+283} = 7{,}0_{29}.$$

Ergebnis: Die Mittelkraft $S = 9{,}3_{283}$ geht durch den Punkt $T = 7{,}0_{29}$.

1. Beweis für den vektoriellen Momentensatz.

Gilt der Satz, so müssen folgende zwei skalaren Gleichungen bestehen, die durch Spaltung der Vektorgleichung sich ergeben:

$$\Sigma\, p\, r \cos(\varrho - \varphi) = s\, t \cos(\tau - \sigma) \quad \text{und}$$

$$\Sigma\, p\, r \sin(\varrho - \varphi) = s\, t \sin(\tau - \sigma).$$

Die zweite Gleichung stellt den gewöhnlichen (skalaren) Momentensatz für die Ebene vor. Sie gilt für jeden Punkt T auf der Kraftrichtung von S. Dabei ist an diesem Vektor T entweder die Länge t oder die Richtung τ willkürlich. Die Vereinigung der beiden Gleichungen, d. h. die Vektorgleichung $\Sigma \overline{P} \cdot R = \overline{S} \cdot T$ ergibt dann aber einen ganz bestimmten Punkt $T = t_\tau$ auf der Richtung von S.

2. Beweis.

Die Bedeutung des Punktes T wird durch folgenden Beweis in ein helleres Licht gerückt. Auch ist dieser Beweis vollkommen unabhängig von der Gültigkeit des skalaren Momentensatzes.

Das Gesetz $\Sigma\overline{\mathrm{P}}\cdot\mathrm{R}=\overline{\mathrm{S}}\cdot\mathrm{T}$ ist allgemein bewiesen, sobald seine Richtigkeit für die Summierung von nur zwei Vektorprodukten festgestellt ist. Denn dann kann man immer die Summe von zwei Vektorprodukten zu einem Produkt zusammenziehen und so fortfahren, bis nur noch der Behauptung zufolge das eine Produkt $\overline{\mathrm{S}}\cdot\mathrm{T}$ übrig ist.

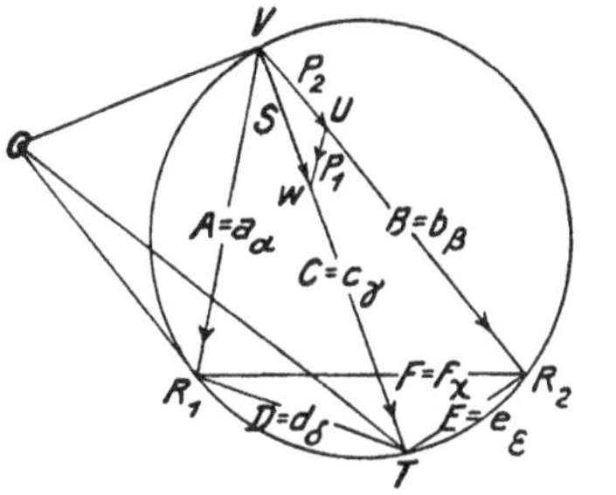

Fig. 55.

Es sei nun für einen beliebigen Anfang 0 (Fig. 55) V der Schnittpunkt von P_1 und P_2. Die Angriffspunkte dieser Kräfte seien wieder R_1 und R_2. Bildet man in V die Kraftsumme $\mathrm{P}_1+\mathrm{P}_2=\mathrm{S}$ und verlängert die Kraftrichtung von S bis zum Schnittpunkt T mit dem Umkreis um V, R_1 und R_2, so gilt für den Punkt T die Gleichung

$$\Sigma\overline{\mathrm{P}}\cdot\mathrm{R}=\overline{\mathrm{S}}\cdot\mathrm{T}.$$

Denn es ist $\overline{\mathrm{P}}_1+\overline{\mathrm{P}}_2=\overline{\mathrm{S}}$, also auch $\mathrm{V}\overline{\mathrm{P}}_1+\mathrm{V}\overline{\mathrm{P}}_2=\mathrm{V}\overline{\mathrm{S}}$.

Ferner ist
$$\mathrm{R}_1=\mathrm{V}+\mathrm{A},$$
$$\mathrm{R}_2=\mathrm{V}+\mathrm{B},$$
$$\mathrm{T}=\mathrm{V}+\mathrm{C}.$$

Folglich ist
$$\mathrm{R}_1\overline{\mathrm{P}}_1=\mathrm{V}\overline{\mathrm{P}}_1+\mathrm{A}\overline{\mathrm{P}}_1 \qquad \mathrm{I}$$

und
$$\mathrm{R}_2\overline{\mathrm{P}}_2=\mathrm{V}\overline{\mathrm{P}}_2+\mathrm{B}\overline{\mathrm{P}}_2 \qquad \mathrm{II}$$

sowie
$$\mathrm{T}\overline{\mathrm{S}}=\mathrm{V}\overline{\mathrm{S}}+\mathrm{C}\overline{\mathrm{S}} \qquad \mathrm{III}$$

Es ist aber I + II = III, d. h. $\Sigma\overline{\mathrm{P}}\mathrm{R}=\overline{\mathrm{S}}\mathrm{T}$. Denn es ist $\mathrm{V}\overline{\mathrm{P}}_1+\mathrm{V}\overline{\mathrm{P}}_2=\mathrm{V}\overline{\mathrm{S}}$ und außerdem $\mathrm{A}\overline{\mathrm{P}}_1+\mathrm{B}\overline{\mathrm{P}}_2=\mathrm{C}\overline{\mathrm{S}}$. Diese Gleichung ist nämlich, da die Richtungen sich herausheben, identisch mit $ap_1+bp_2=cs$. Diese letzte Gleichung ist aber richtig, da zunächst nach dem Ptolemäus $ae+bd=cf$ ist und ferner wegen der Ähnlichkeit der Dreiecke $\mathrm{R}_1\mathrm{R}_2\mathrm{T}$ und VWU die Beziehung besteht $p_1:p_2:s=e:d:f$.

§ 44. Die Kraftmitte.

Den Punkt T nennen wir die Kraftmitte von R_1, R_2, R_3 . . .

Die Kraftmitte wird zum Schwerpunkt, wenn alle an den Punkten R_1, R_2 . . . angreifenden Kräfte gleichgerichtet sind.

1. Führt die Gesamtheit des Kraftsystems in der Ebene irgendwelche Bewegungen aus, ohne daß die Kräfte ihre Größe, Richtung und gegenseitige Lage ändern, so bleibt auch die Lage der Kraftmitte gegenüber den Angriffspunkten der Kräfte unverändert.

2. Sie bleibt aber auch unverändert, wenn die angreifenden Kräfte sich mit einer beliebig veränderlichen Winkelgeschwindigkeit, die in

jedem Augenblick für alle Kräfte gleich ist, um ihre Angriffspunkte drehen. Die Resultierende dreht sich dann mit derselben Winkelgeschwindigkeit um die Kraftmitte.

Der erste dieser beiden Sätze leuchtet ohne weiteres ein, wenn man bedenkt, daß irgendeine Bewegung des Kraftsystems in der Ebene nur eine Veränderung des Anfanges und der Nullrichtung bedeutet. Dadurch können die statischen Eigenschaften des Kraftsystems an sich nicht geändert werden.

Rotieren ferner zufolge dem zweiten Satz die Kräfte um ihre Angriffspunkte, so bedeutet dies nur, daß in der Gleichung

$$\overline{P}_1 R_1 + \overline{P}_2 R_2 \ldots = \overline{S} \cdot T$$

jede Kraft in jedem Zeitteilchen um einen gewissen Winkel zu schwenken oder, was dasselbe ist, die Gleichung für jedes Zeitteilchen mit $\varepsilon^{i\varphi}$ zu multiplizieren ist, wobei der augenblickliche Schwenkungswinkel gleich φ^0 ist. Durch diese Multiplikation wird aber die Gleichung an sich nicht geändert.

3. Dreht man die Kraftrichtung von S um, so kann man die vektorielle Momentengleichung auch schreiben:

$$\Sigma \overline{P} \cdot R = 0, \text{ wobei } \Sigma P = 0.$$

Dann ist jeder Punkt die Kraftmitte der übrigen.

4. Einen Punkt, in dem eine bestimmte Kraft angreift, nennen wir einen Kraftpunkt.

5. Ein System von Kraftpunkten, für das die beiden Gleichungen gelten $\Sigma P = 0$ und $\Sigma P \cdot \overline{R} = 0$, nennen wir ein geschlossenes Kraftsystem.

Denn für ein solches System schließt sich nicht nur der Kraftzug $\Sigma P = 0$, sondern auch der Momentenzug $\Sigma \overline{P} R = \Sigma P \overline{R} = 0$.

Am einfachsten erhält man ein geschlossenes Kraftsystem, wenn alle Kräfte gleich gerichtet sind. Dann werden die Kraftpunkte zu Massenpunkten. Diese bilden mit ihrem Schwerpunkt, in dem die negative Gesamtmasse vereinigt ist, ein solches System.

7. Für ein geschlossenes Kraftsystem gelten noch bemerkenswerte Gesetze über die Trägheitsmomente. Vgl. § 47.

§ 45. Anwendung des Momentensatzes auf ein Dreigelenkfachwerk.

(Fig. 56.)

Die Auflagerkräfte eines Dreigelenkfachwerks sind zu ermitteln.

1. Lösung. Man bestimmt nach dem Momentensatz die Lage der Mittelkraft S′ der links vom Mittelgelenk R angreifenden Kräfte.

Es ist $T' = \frac{\Sigma \overline{\mathrm{P}}\,\mathrm{R}}{\Sigma \overline{\mathrm{P}}}$. Dann ist $\alpha = \|(\mathrm{T}' - \mathrm{R})_{\alpha'}^{\beta} - \mathrm{T}'\|$ die Richtung der Auflagerkraft k'_α. Ferner ist $k'_\alpha = \mathrm{S}'^{\beta}_{\alpha}$ und

$$k'_\beta = \mathrm{S}'^{\alpha}_{\beta}$$

2. Lösung. Man kann auch unmittelbar aus den Anfangswerten geschlossene Formeln für die Endwerte ableiten.

Es seien P_1', P_2', P_3' ... usw. die Einzelkräfte links des Mittelgelenks mit der Mittelkraft S' und der Kraftmitte T', ferner ebenso rechts des Mittelgelenks die betreffenden Werte P_1'', P_2'', ... sowie S'' und T''. Die Gesamtauflagerkräfte seien

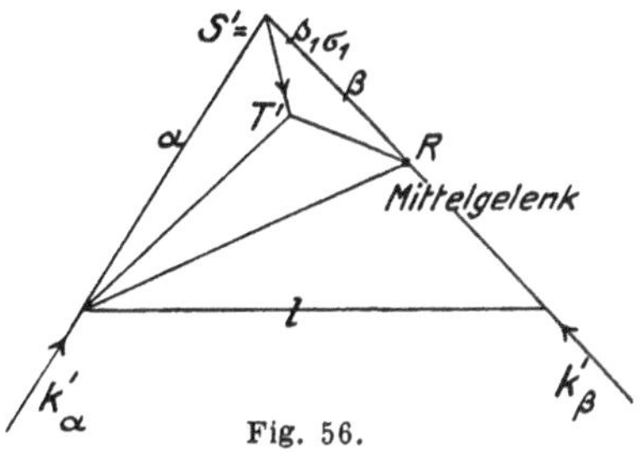

Fig. 56.

$k_\alpha = k_\alpha' + k_\alpha''$ und $k_\beta = k_\beta' + k_\beta''$.

Die Kraftmitte ihrer Teilkräfte k_α' und k_β' für die Mittelkraft S' liegt auf dieser Kraftrichtung, ihre Entfernung von T' sei V'. Dann gibt der vektorielle Momentensatz für das linke Auflager als Anfang bei der Auflagerentfernung l

$$(\mathrm{T}' + \mathrm{V}')\,\overline{\mathrm{S}}' = l\,k'_{-\beta} \text{ oder } \mathrm{T}'\overline{\mathrm{S}}' + \mathrm{V}'\overline{\mathrm{S}}' = l\,k'_{-\beta}.$$

Da aber V' mit S' gleiche Richtung hat, ist $\mathrm{V}'\,\mathrm{S}' = v's'$ und daher

$$\mathrm{T}'\overline{\mathrm{S}}' = l\,k'_{-\beta} - v's' \text{ oder } l\,k_\beta' = (\overline{\mathrm{T}}'\,\mathrm{S}')_\beta^0 \text{ und daher}$$

$$l\,k_\alpha' = -(\overline{\mathrm{T}}'\,\mathrm{S}')_\beta^0 + l\,\mathrm{S}'.$$

Da $\overline{\mathrm{T}}'\,\mathrm{S}' = \Sigma\,\overline{\mathrm{R}}'\mathrm{P}'$ ist, wird $l\,k_\beta' = (\Sigma\,\overline{\mathrm{R}}'\mathrm{P}')_\beta^0$ und

$$l\,k_\alpha' = -(\Sigma\,\overline{\mathrm{R}}'\mathrm{P}')_\beta^0 + l\,\mathrm{S}'.$$

Ebenso ermittelt man $l\,k_\alpha''$ und $l\,k_\beta''$, worauf

$$k_\alpha = k_\alpha' + k_\alpha'' \text{ und}$$

$$k_\beta = k_\beta' + k_\beta''.$$

§ 46. Die Verschiebungspläne.

Zur Feststellung der elastischen Formänderungen der Stabwerke dienen hauptsächlich die Williotschen Verschiebungspläne.

Nach Ermittlung der Stabkräfte werden die durch sie bewirkten Änderungen der Stablängen bestimmt. Hierauf tritt an die Stelle der ziemlich mühsamen und umständlichen Zeichnung des Verschiebungsplanes folgendes vektorielles Verfahren, das wir an einem einfachen Beispiel erläutern.

Wir bezeichnen die Vektoren der Stabänderungen durch die Stabnummern. Ferner bezeichnen wir bei der Komponentenbildung die um 90° geschwenkten Richtungen der Stäbe mit den Stabnummern (Fig. 57a).

Dann erhält man, bezogen auf den Anfangspunkt 0 (Fig. 57b), folgendes Ableseschema, wobei I, II, III die zwischendurch abgelesenen Durchbiegungen der einzelnen Knotenpunkte (Vektoren) sind.

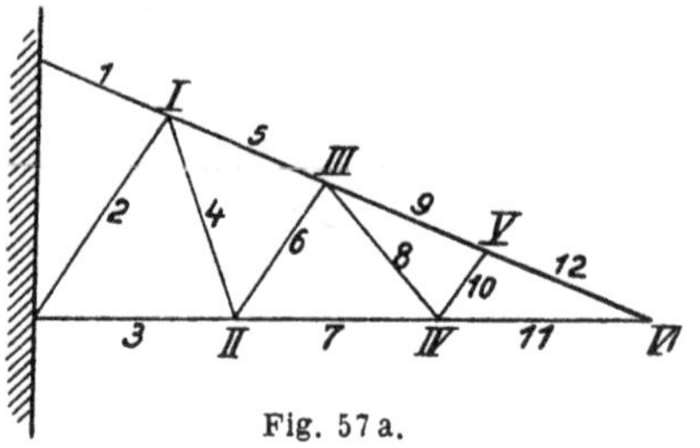

Fig. 57a.

$$(0+1)_2^1 + (0+2)_1^2 = \mathrm{I}$$
$$(0+3)_4^3 + (\mathrm{I}+4)_3^4 = \mathrm{II}$$
$$(\mathrm{I}+5)_6^5 + (\mathrm{II}+6)_5^6 = \mathrm{III}$$
$$(\mathrm{II}+7)_8^7 + (\mathrm{III}+8)_7^8 = \mathrm{IV}$$
$$(\mathrm{III}+9)_{10}^9 + (\mathrm{IV}+10)_9^{10} = \mathrm{V}$$
$$(\mathrm{IV}+11)_{12}^{11} + (\mathrm{V}+12)_{11}^{12} = \mathrm{VI}$$

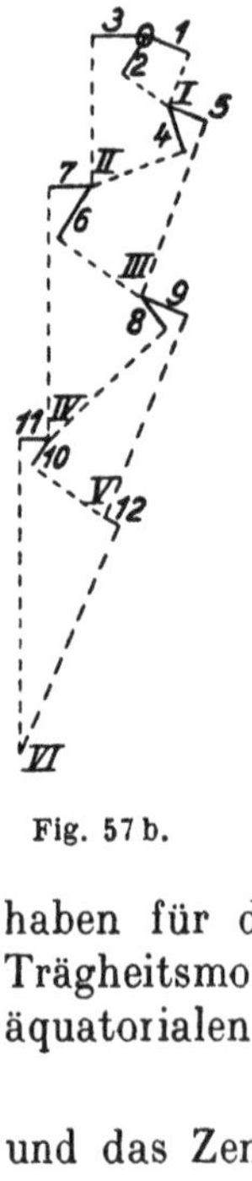

Fig. 57b.

Bem. Die Zahlen 0 in den Gleichungen für I und II sind nur der Symmetrie wegen eingesetzt.

Hiermit ist ein übersichtliches vektorielles Ableseschema für die Verschiebungspläne gefunden.

Fig. 57c.

Daß z. B., wie das Schema es verlangt, für den Anfang 0

$$1_2^1 + 2_1^2 = \mathrm{I}$$

ist, erkennt man aus Fig. 57c, da zunächst

$$\mathrm{I} = -(2-1)_2^1 + 2 \text{ ist,}$$

woraus folgt

$$2 - 2_2^1 + 1_2^1 = 2_1^2 + 1_2^1.$$

§ 47. Trägheitsmomente.

1. Die Massenpunkte m_1 (Vektor R_1),
m_2 (Vektor R_2)
usw.

haben für die Drehachse O senkrecht zur Zeichenebene das polare Trägheitsmoment $J = \Sigma m r^2$, ferner für die Achsen OX und OY die äquatorialen Trägheitsmomente

$$J_x = \Sigma m r^2 \cos^2 \varrho \text{ und } J_y = \Sigma m r^2 \sin^2 \varrho$$

und das Zentrifugalmoment

$$J_{xy} = \Sigma m r^2 \sin \varrho \cos \varrho.$$

Bildet man den Vektor

$$\mathrm{K} = \Sigma m \mathrm{R}^2 = \Sigma m r^2_{2\varrho} = k_\varkappa,$$

den wir als das »vektorielle Trägheitsmoment« bezeichnen, so wird

$$\Sigma m r^2 \cos 2\varrho = \Sigma m r^2 \cos^2 \varrho - \Sigma m r^2 \sin^2 \varrho = k \cos \varkappa = J_x - J_y.$$

Es ist aber $J = J_x + J_y$. Folglich ist

$$J_x = \frac{J + k \cos \varkappa}{2} \text{ und}$$

$$J_y = \frac{J - k \cos \varkappa}{2}$$

Ferner ist $J_{xy} = \frac{1}{2} \Sigma m r^2 \sin 2\varrho = \Sigma m x y = \frac{k \sin \varkappa}{2}$. Schwenkt man ferner noch die Nullrichtung um $\frac{\varkappa}{2}$ im positiven Sinne, so wird $K' = \Sigma m r^2_{2\varrho - \varkappa} = k$, also Winkel $\varkappa' = 0$. Dann wird

$$J_{x\,max} = \frac{J + k}{2} \text{ und } J_{y\,min} = \frac{J - k}{2}, \text{ sowie } J_{xy} = 0.$$

Diese Schwenkung liefert also sofort die Achse und die Halbmesser der Trägheitsellipse.

Aus diesen Betrachtungen folgt, daß die beiden Größen J und K, nämlich das skalare und das vektorielle Trägheitsmoment, völlig ausreichen, um alle in Betracht kommenden Verhältnisse zu beurteilen und alle gesuchten Größen zu berechnen. Kennt man J und K, so kennt man zugleich auch die äquatorialen Trägheitsmomente, das Zentrifugalmoment, wie auch die Lage und die Halbmesser der Trägheitsellipse.

2. Die Betrachtung des vektoriellen Trägheitsmoments trägt aber noch weiter.

In § 44 wurde der Begriff des geschlossenen ebenen Kraftsystems entwickelt, das gekennzeichnet ist durch die beiden Bedingungen $\Sigma P = 0$ und $\Sigma P \overline{R} = 0$. Dabei war zu bedenken, daß auch jedes ebene Massensystem in Verbindung mit seinem Schwerpunkt ein solches System darstellt.

Für ein geschlossenes Kraftsystem gelten folgende Sätze über Trägheitsmomente:

Für beliebig gerichtete Kräfte ist

$\Sigma \overline{P} R^2 = \text{Const}$ und außerdem noch für gleich gerichtete Kräfte $\Sigma p r^2 = \text{Const}$ } für jeden beliebigen Punkt der Ebene als Anfang.

Oder in Worten: Das vektorielle und das skalare Trägheitsmoment sind für jeden Punkt der Ebene als Anfang konstant.

a) Beweis für $\Sigma \overline{P} R^2 = \text{Const}$ für jeden Punkt der Ebene.

Die m Kraftpunkte seien

P_1 mit Vektor R_1,
P_2 » » R_2
usw.

Wir greifen einen beliebigen Kraftpunkt als Kraftmitte heraus, etwa den Punkt R_m, dann hat dieser für den beliebigen Anfang 0 den Vektor T entsprechend den früheren Bezeichnungen. An ihm wirkt die Kraft $-\Sigma P = -P_1 - P_2 \ldots - P_{m-1}$. Dann ist die Gesamtsumme der Kräfte $\Sigma P - \Sigma P = 0$. (Fig 58)

Der Beweis ist erbracht, sobald nachgewiesen ist, daß für jeden beliebigen Bezugspunkt O ist

$$\overline{P}_1 R_1^2 + \overline{P}_2 R_2^2 \ldots\ldots - (\overline{P}_1 + \overline{P}_2 \ldots\ldots) T^2 = \overline{P}_1 T^2 + \overline{P}_2 T^2 \ldots\ldots$$

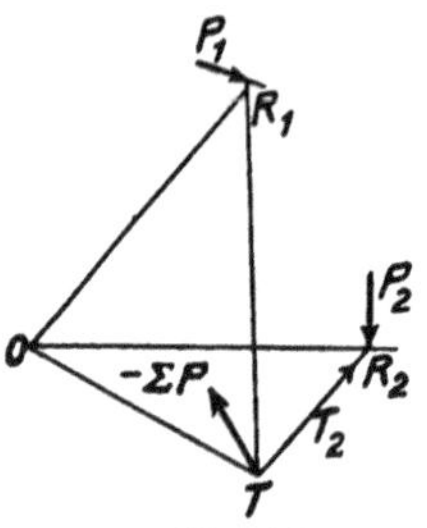

Fig. 58.

d. h. gleich dem vektoriellen Trägheitsmoment für den bestimmten Punkt T des Kraftsystems als Bezugspunkt. Hierbei sind T_1, T_2 usw. die Vektoren von R_1, R_2 usw., bezogen auf den Punkt T.

Daher ist auch

$$R_1 = T + T_1,$$
$$R_2 = T + T_2 \text{ usw.}$$

Führt man diese Werte ein, so soll also sein

$$\overline{P}_1 (T + T_1)^2 + \overline{P}_2 (T + T_2)^2 \ldots - (\overline{P}_1 + \overline{P}_2 \ldots) T^2 = \overline{P}_1 T_1^2 + \overline{P}_2 T_2^2 \ldots$$

Damit diese Gleichung erfüllt ist, muß sein:

$$\overline{P}_1 T_1 + \overline{P}_2 T_2 + \ldots = 0 \text{ oder } \overline{P}_1 (R_1 - T) + \overline{P}_2 (R_2 - T) \ldots = 0, \text{ d. h.}$$

$$\Sigma \overline{P} R = T \Sigma \overline{P}.$$

Diese Gleichung ist aber erfüllt, da nach der Voraussetzung das Kraftsystem geschlossen sein soll.

b) Die zweite Behauptung $\Sigma p r^2 = \text{Const}$ für jeden Punkt der Ebene und für gleich gerichtete Kräfte ist weiter nichts als eine andere Fassung des bekannten Steinerschen Satzes, wonach das skalare Trägheitsmoment bekannt ist für jede Achse senkrecht durch einen beliebigen Punkt der Ebene, sobald es für die Achse durch den Schwerpunkt ermittelt ist.

Es erscheint aber zweckmäßig, für den Satz $\Sigma p r^2 = \text{Const}$ noch einen besonderen vektoriellen Beweis zu geben, da wir diesen später noch bei der Ausdehnung unserer Betrachtungen auf den Raum verwerten wollen.

Statt $\Sigma p r^2$ kann geschrieben werden $\Sigma p R \overline{R}$. Es soll also nach den Bezeichnungen der Fig. 58 sein

$$p_1 R_1 \overline{R}_2 + p_2 R_2 \overline{R}_2 \ldots - (p_1 + p_2 \ldots) T \overline{T} = p T_1 \overline{T}_1 + p_2 T_2 \overline{T}_2 \ldots$$

Wegen

$$R_1 = T + T_1$$
$$R_2 = T + T_2$$

erhält man

$$p_1(T + T_1)(\overline{T} + \overline{T}_1) + p_2(T + T_2)(\overline{T} + \overline{T}_2) \ldots\ldots -$$
$$-(p_1 + p_2 \ldots) T\overline{T} = p_1 T_1 \overline{T}_1 + p_2 T_2 \overline{T}_2 \ldots\ldots,$$

also muß sein

$$p_1(T\overline{T}_1 + T_1\overline{T}) + p_2(T\overline{T}_2 + T_2\overline{T}) \ldots\ldots = 0.$$

Diese Bedingung ist aber erfüllt, da das Kraftsystem geschlossen ist und demzufolge $p_1 T_1 + p_2 T_2 \ldots = 0$ für den Bezugspunkt T gilt und zugleich auch die konjugierte Gleichung $p_1 \overline{T}_1 + p_2 \overline{T}_2 \ldots = 0$.

Neben der Beziehung $\Sigma p r^2 = \text{Const}$ ist das Gesetz $\Sigma \overline{P} R^2 = \text{Const}$, das zudem viel allgemeiner ist, besonders zu beachten. Es leuchtet auch ein, daß nicht nur $\Sigma p r^2$, sondern auch $\Sigma \overline{P} R^2$ bei einer beliebigen Drehung φ der Nullrichtung unverändert bleiben. Denn der Vektor $\Sigma \overline{P} R^2$ geht dann nur in den um φ geschwenkten Vektor $\Sigma \overline{P} R^2_\varphi$ über.

Die beiden Summen $\Sigma p r^2$ und $\Sigma \overline{P} R^2$ bleiben also konstant für jedes Koordinatensystem der Ebene, der Anfang und die Nullrichtung mögen liegen, wie sie wollen; oder mit anderen Worten: $\Sigma p r^2$ und $\Sigma \overline{P} R^2$ sind die Invarianten des geschlossenen ebenen Systems.

Hieraus folgt weiter: Kennt man für irgendeinen Anfang und eine Nullrichtung entsprechend den Bezeichnungen der Ziff. 1 dieses Paragraphen J und K, so kennt man auch J, K, J_x, J_y, J_{xy} für alle sonst in der Ebene möglichen Koordinatensysteme; ferner die Lage und die Halbmesser der jeweiligen Trägheitsellipse.

Anwendungen. 1. Das Trägheitsmoment einer Dreiecksfläche ist bezogen auf den Schwerpunkt,

$$\text{skalar } J = \frac{F}{12} \Sigma t^2,$$

$$\text{vektoriell } K = \frac{F}{12} \Sigma T^2$$

wo t_1, t_2, t_3 die Schwerpunktsabstände der Ecken und T_1, T_2, T_3 die entsprechenden Vektoren.

2. Ebenso ist auch für ein beliebiges Parallelogramm, bezogen auf den Schwerpunkt,

$$J = \frac{F}{12} \Sigma t^2 \text{ und}$$

$$K = \frac{F}{12} \Sigma T^2$$

3. Für ein beliebiges N-Eck sind die Trägheitsmomente, bezogen auf einen beliebigen im Innern gelegenen Punkt:

$$12\,J = F_1[r_1^2 + r_2^2 + |R_1 + R_2|^2] + F_2[r_2^2 + r_3^2 + |R_2 + R_3|^2] + \ldots$$

und

$$12\,K = F_1[R_1^2 + R_2^2 + (R_1 + R_2)^2] + F_2[R_2^2 + R_3^2 + (R_2 + R_3)^2] + \ldots$$

Hierbei sind die r_1, r_2 usw. die Eckenabstände des Bezugspunktes, $\mathfrak{R}_1$, $\mathfrak{R}_2$ ... die zugehörigen Vektoren und die F_1, F_2 ... die Dreiecksflächen zwischen r_1 und r_2, zwischen r_2 und r_3 usw.

4. Skalar und vektoriell gilt der Satz:

In jedem N-Eck ist die Quadratsumme aller Seiten und Diagonalen $n$mal so groß als die Quadratsumme der Eckenabstände des Schwerpunktes. (Z. B. ist für jedes Dreieck

$$a^2 + b^2 + c^2 = 3\,\Sigma t^2 \quad \text{und}$$
$$A^2 + B^2 + C^2 = 3\,\Sigma \mathrm{T}^2).$$

Dieser Satz gilt auch im Raum für den Körper mit n Ecken.

5. Hat die Fläche eine Symmetrieachse, so ist, für diese Achse als Nullrichtung, das Zentrifugalmoment, bezogen auf den Schwerpunkt, gleich 0, daher skalar $\mathrm{K} = J_x - J_y$ und $J = J_x + J_y$.

6. Ist die Fläche krummlinig begrenzt, so ist

$$J = \int_{\varphi_0}^{\varphi_1} \left(\frac{r_1^4}{4} - \frac{r_0^4}{4} \right) d\varphi \quad \text{und.}$$

$$\mathrm{K} = \int_{\varphi_0}^{\varphi_1} \left(\frac{r_1^4}{4} - \frac{r_0^4}{4} \right) \varepsilon^{2i\varphi}\, d\varphi$$

Das Integral $\int F_\varphi\, d\varphi = \int F(\dot{\varphi})\, \varepsilon^{i\varphi}\, d\varphi$ läßt sich in eine gut konvergierende vektorielle Reihe verwandeln. Es ist bei $\dot{\varphi} = \operatorname{arc} \varphi^0$

$$\begin{aligned} \int F_\varphi\, d\varphi = &- F(0)\, i\,[1_\varphi - 1] + F'(0)\,[(1 - i\,\dot{\varphi})_\varphi - 1] + \\ &+ F''(0)\, i \left[\left(1 - i\,\dot{\varphi} - \frac{\dot{\varphi}^2}{2!} \right)_\varphi - 1 \right] - \\ &- F'''(0) \left[\left(1 - i\,\dot{\varphi} - \frac{\dot{\varphi}^2}{2!} + \frac{i\,\dot{\varphi}^3}{3!} \right)_\varphi - 1 \right] \ldots, \end{aligned}$$

deren Gesetz einleuchtet. Bei nicht allzu großen φ nehmen die vektoriellen Klammergrößen schnell ab. Die nächstfolgende läßt sich immer aus der vorhergehenden leicht berechnen.

§ 48. Die Kraftmitte im Raum.

Sind im Raum irgendwie gelegene Kräfte im Gleichgewicht, so läßt sich auf der Angriffsrichtung einer der Kräfte, falls man die Angriffspunkte der übrigen nicht ändert, stets ein Punkt, die »Kraftmitte«, finden derart, daß die Summe der vollen Vektorprodukte, bezogen auf einen beliebigen Bezugspunkt als Anfang, also die Quaternionensumme $\Sigma \mathfrak{P}\mathfrak{R}$, verschwindet.

Ein solches räumliches System von Kraftpunkten nennen wir ebenfalls ein geschlossenes Kraftsystem. Der einfachste Fall eines geschlossenen räumlichen Systems ist wieder ein System von Massenpunkten in Verbindung mit seinem Schwerpunkt.

Für ein solches System gelten folgende Gesetze:

1. $\Sigma \mathrm{P} = 0$,

2. $\Sigma \mathrm{P}\,\mathrm{R} = 0$, wobei die Produkte Quaternionen.

Beweis. Für jeden beliebigen Punkt in der Angriffsrichtung der ausgewählten Kraft gilt die Gleichung $\Sigma\,[\mathrm{P}\,\mathrm{R}] = 0$, d. h. die Summe der äußeren Produkte verschwindet. Dadurch, daß noch die Gleichung $\Sigma\,(\mathrm{P}\,\mathrm{R}) = 0$, d. h. die Summe der inneren Produkte gleich Null, hinzutritt, wird ein ganz bestimmter Punkt auf der Kraftrichtung festgelegt. Die Zusammenfassung der beiden Gleichungen $\Sigma\,[\mathrm{P}\,\mathrm{R}] = 0$ und $\Sigma\,(\mathrm{P}\,\mathrm{R}) = 0$ ergibt aber die vollständige Quaternionengleichung $\Sigma\,\mathrm{P}\,\mathrm{R} = 0$.

3. Hinsichtlich der Trägheitsmomente gelten wieder dieselben Gesetze wie in der Ebene. Denn es ist für jeden Bezugspunkt des Raumes als Anfang

a) $\Sigma \mathrm{P} \cdot \mathrm{R}^2 = \mathrm{const} = -\Sigma \mathrm{P} r^2$ (da $\mathrm{R}^2 = -r^2$) für beliebig gerichtete Kräfte, und

b) $\Sigma p\,\mathrm{R}\,\overline{\mathrm{R}} = \mathrm{const}$ (wobei für $\mathrm{R} = r_{\mathfrak{R}}$ wird $\overline{\mathrm{R}} = r_{-\mathfrak{R}}$) für gleichgerichtete Kräfte.

Die Beweise für die Behauptungen a) und b) sind völlig identisch den im § 47 für die Ebene gegebenen.

Wir bemerken nur noch, daß die Teilprodukte $i\,p\,\mathrm{R}_1\,\overline{\mathrm{R}_1}$ usw. nach den Regeln der räumlichen Vektormultiplikation sich darstellen lassen unter

$$i\,p\,r_{1_{\mathfrak{R}_1}} \cdot r_{1_{-\mathfrak{R}_1}} = -\,i\,p\,r^2_{1_{2\mathfrak{R}_1}}$$

Die Summe $i\,\Sigma p\,\mathrm{R}\,\overline{\mathrm{R}}$ ist daher keine Quaternion, sondern ein Vektor.

4. Merkwürdigerweise gilt auch für das räumliche geschlossene Kraftsystem der Satz, daß die Kräfte um ihre Angriffspunkte sich drehen können, ohne daß das Gleichgewicht gestört wird, falls nur die gegenseitigen Raumrichtungen der Kräfte in jedem Zeitteilchen bei dieser sonst ganz beliebigen Bewegung unverändert bleiben.

§ 49. Zerlegung einer Kraft nach 6 gegebenen Richtungen.

Schneidet sich die zu zerlegende Kraft mit ihren Komponenten nicht in einem Punkte, so läßt sie sich bekanntlich in 6 Seitenkräfte zerlegen, deren Richtungen gegeben sein müssen.

Für die Lösung dieser Aufgabe hat man 6 skalare lineare Gleichungen oder folgende 2 Vektorgleichungen:

1. Die Summe der 6 Seitenkräfte muß gleich der Ausgangskraft sein $\Sigma \mathrm{X} = \mathrm{P}$ und 2., bezogen auf einen beliebigen Bezugspunkt, muß die Summe der vektoriellen Produkte gleich sein. $\Sigma\,[\mathrm{X\,R}] = [\mathrm{P\,T}]$.

Diese beiden Vektorgleichungen lassen sich mit Hilfe der gegebenen Rechenregeln verhältnismäßig rasch auflösen. Dagegen macht bei rein analytischer Behandlung bereits der Ansatz der 6 Gleichungen, sodann deren Auflösung größere Rechenarbeit nötig. Auch die graphische Ermittlung, die das Zeichnen von 3 Rissen erfordert und doch die Rechnung nicht entbehren kann, ist mühsam.

Am schnellsten lassen sich die beiden Vektorgleichungen auflösen, wenn von vornherein feststeht, daß drei der gesuchten Seitenkräfte durch einen Punkt gehen. Dieser Fall kommt auch in der Praxis häufig vor. Wählt man diesen Punkt als Anfang, so werden in der 2. Gleichung drei Vektorprodukte Null. Dann kann man die übrigen drei Seitenkräfte, die nicht durch den Anfang gehen, durch Komponentenbildung sofort finden. Aus Gleichung (1) folgen dann durch weitere Komponentenbildung die durch den Anfang gehenden drei Kräfte.

Trifft es nicht zu, daß sich drei der gesuchten Kräfte in einem Punkt schneiden, so werden bei praktischen Anwendungen doch wenigstens zwei darunter sein, die in einer Ebene liegen und sich also in einem Punkt schneiden.

Wählt man diesen Punkt wieder als Anfang, so verschwinden in der Gleichung (2) immerhin zwei Vektorprodukte. Dann gestaltet sich die Rechnung wie folgt: Die sechs gesuchten Kräfte ergeben die Gleichung (1)

$$x_{\mathfrak{A}_1} + y_{\mathfrak{B}_1} + z_{\mathfrak{C}_1} + u_{\mathfrak{D}_1} + v_{\mathfrak{E}_1} + w_{\mathfrak{F}_1} = \mathrm{P},$$

wo P die zu zerlegende Kraft ist.

Ferner erhalte man als Gleichung (2)

$$x\,a_{\mathfrak{A}} + y\,b_{\mathfrak{B}} + y\,c_{\mathfrak{C}} + u\,\mathrm{D} = \mathrm{Q},$$

während die Vektorprodukte, die v und w enthalten, verschwinden mögen.

Aus Gleichung (2) folgt durch Komponentenbildung:

$$a\,x + u\cdot\mathrm{D}^{\mathfrak{B}\cdot\mathfrak{C}}_{\mathfrak{A}} = \mathrm{Q}^{\mathfrak{B}\cdot\mathfrak{C}}_{\mathfrak{A}}$$

$$b\,y + u\cdot\mathrm{D}^{\mathfrak{A}\cdot\mathfrak{C}}_{\mathfrak{B}} = \mathrm{Q}^{\mathfrak{A}\cdot\mathfrak{C}}_{\mathfrak{B}}$$

$$c\,z + u\cdot\mathrm{D}^{\mathfrak{A}\cdot\mathfrak{B}}_{\mathfrak{C}} = \mathrm{Q}^{\mathfrak{A}\cdot\mathfrak{B}}_{\mathfrak{C}}$$

Setzt man diese Werte in die Gleichung (1) ein, so erhält man eine Gleichung mit nur u, v, w. Aus ihr folgen durch nochmalige Komponentenbildung diese drei Unbekannten.

§ 50. Aufgaben aus der Kinematik.

In der Kinematik hat man sich bisher im allgemeinen in der Praxis auf Vektorsummierungen beschränkt, um für einige wichtige Beziehungen knappe Formeln zu erhalten. Im übrigen ermittelt man, da die analytische Rechnung zu unbequem ist, die gesuchten Größen durch mehr oder weniger verwickelte graphische Konstruktionen.

Demgegenüber bringt die Einführung der Vektorprodukte und Quotienten, vor allem aber der Zerlegungsvektoren erhebliche Vereinfachungen.

Wir beschränken uns der Kürze halber darauf, dies an zwei Beispielen nachzuweisen mit dem Bemerken, daß die vektorielle Rechnung ganz allgemein auf die kinematischen Untersuchungen angewandt werden kann.

1. Beispiel. Der Beschleunigungspol J einer bewegten Ebene ist zu finden, wenn die Lage zweier Punkte A und B durch den sie verbindenden Vektor m_μ und außerdem die Beschleunigungen dieser Punkte nach Größe und Richtung, also die Vektoren P_a und P_b, bekannt sind.

Lösung: Es ist

$$AJ + JB = m_\mu = AJ\left(1 + \frac{JB}{AJ}\right)$$

Es ist aber

$$\frac{JB}{AJ} = -\frac{\mathrm{P}_b}{\mathrm{P}_a}$$

folglich ist der gesuchte Vektor

$$AJ = \frac{m_\mu}{1 - \frac{\mathrm{P}_b}{\mathrm{P}_a}}$$

2. Beispiel. Ermittlung der Geschwindigkeiten und Beschleunigungen in einem Gelenkviereck (Fig. 59).

AD sei das feste Gestell, AB und CD seien die Kurbeln. Die Vektoren des Gelenkvierecks seien

$$AB = \mathrm{K} = k_\varkappa,\; CB = \mathrm{L} = l_\lambda \text{ und}$$
$$DC = \mathrm{M} = m_\mu .$$

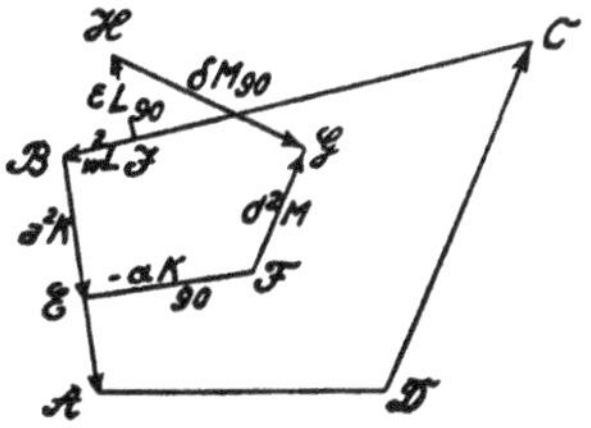

Fig. 59.

Die Winkelgeschwindigkeiten um die Punkte A, B, C, D seien der Reihe nach a, b, c, d, die Winkelbeschleunigungen α, β, γ, δ. Gegeben seien a und α, gesucht d und δ.

Lösung. a) Geschwindigkeiten. Die Geschwindigkeit des Kurbelzapfens B ist nach Größe und Richtung $-a\mathrm{K}$. Sie kann zerlegt werden in die Geschwindigkeit des Punktes C, die nach Größe und Richtung gleich $d\mathrm{M}$ ist und in die Geschwindigkeit $\omega\mathrm{L}$, die der Punkt C infolge der Ersatzdrehung um B besitzt.

Also ist $-a\mathrm{K} = \omega\mathrm{L} + d\mathrm{M}$ und daher

$$\begin{cases} d = \frac{a}{m}\mathrm{K}\frac{\lambda}{\mu} \quad \text{und} \\ \omega = \frac{a}{l}\mathrm{K}\frac{\mu}{\lambda} \end{cases}$$

b) Beschleunigungen. In dem Polygon $BEFGHJB$ ist $BE = a^2\mathrm{K}$ die Normalbeschleunigung des Punktes B, $EF = -\alpha\mathrm{K}_{90}$ seine Tangentialbeschleunigung, $FG = d^2\mathrm{M}$ ist die Normalbeschleunigung des Punktes C, $HG = \delta\mathrm{M}_{90}$ seine Tangentialbeschleunigung. Ferner ist $JB = \omega^2\mathrm{L}$ die Normalbeschleunigung der Ersatzdrehung um B, $JH = \varepsilon\mathrm{L}_{90}$ ihre Tangentialbeschleunigung. Mithin ist

$$a^2\mathrm{K} - \alpha\mathrm{K}_{90} + d^2\mathrm{M} + \omega^2\mathrm{L} = \varepsilon\mathrm{L}_{90} + \delta\mathrm{M}_{90}, \text{ und daher}$$

$$-a^2\mathrm{K}_{90} - \alpha\mathrm{K} - d^2\mathrm{M}_{90} - \omega^2\mathrm{L}_{90} = \varepsilon\mathrm{L} + \delta\mathrm{M} \text{ und}$$

$$\begin{cases} \varepsilon = \frac{1}{l}(a^2\mathrm{K}_{90} + \alpha\mathrm{K} + d^2\mathrm{M}_{90} + \omega^2\mathrm{L}_{90})\frac{\mu}{\lambda} \\ \delta = \frac{1}{m}(a^2\mathrm{K}_{90} + \alpha\mathrm{K} + d^2\mathrm{M}_{90} + \omega^2\mathrm{L}_{90})\frac{\lambda}{\mu} \end{cases}$$

§ 51. Anwendungen auf die Elektrotechnik.

In der Elektrotechnik werden hauptsächlich die ebenen Vektoren bei der Untersuchung der Wechselströme gebraucht.

Der allgemeine Stromvektor hat die Form $J\varepsilon^{i\dot{\omega}t+\varphi} = J_{\dot{\omega}t+\varphi}$ bei $\dot{\omega} = \frac{360}{\mathrm{T}}$. Es bedeuten t die veränderliche Zeit, T die Periode, J die Amplitude und φ den Phasenwinkel. Der Widerstandsvektor bei dem Widerstand R, der Induktivität L und der Kapazität C ist

$$\mathrm{R} = R + i\left(\omega L - \frac{1}{\omega C}\right), \quad \text{wo} \quad \omega = \frac{2\pi}{\mathrm{T}}$$

Man hat bisher mit diesen sog. Diagrammvektoren entweder die Ergebnisse graphisch ermittelt oder komplex gerechnet, um die Unbequemlichkeit und Ungenauigkeit der Zeichnung zu vermeiden. Für solche Rechnungen sind in den Funktionentafeln und Handbüchern der Elektrotechnik Tabellen vorgesehen, die die Umwandlung der Form $a + bi$ in die Polarform $c \cdot e^{i\varphi}$ und umgekehrt gestatten. Die Anwendung dieser Tabellen verlangt aber dauernde Umrechnungen, so daß der Vorteil der komplexen Rechnung nicht voll ausgenutzt werden kann. Auch ein früher konstruiertes Vektorinstrument kam ohne solche Umrechnungen nicht aus. Erst das Vektorinstrument D.R.P. Nr. 333548 ermöglicht fortlaufende glatte Ablesungen.

Ferner ließ ein Teil der in der Wechselstromtechnik vorkommenden graphischen Ermittlungen bisher keine einfache rechnerische Behandlung zu. Erst die Rechnung mit den hier eingeführten Zerlegungsvektoren beseitigt diesen Nachteil.

Bei der außerordentlich vielseitigen Anwendung der Diagrammvektoren in der Wechselstromtechnik müssen wir uns auch hier damit begnügen, das vektorielle Rechenverfahren durch einige kennzeichnende Beispiele zu erläutern.

1. Die Stromstärke eines Wechselstroms mit Induktionswiderstand ist $J = \frac{\mathrm{E}}{\mathrm{R}}{}^{0}_{90}$. Die gebräuchliche Formel ist

$$\frac{e \sin(\omega t - \varphi)}{\sqrt{r^2 + (\omega L)^2}}, \quad \text{wobei } \operatorname{tg} \varphi = \frac{\omega L}{r}$$

2. Die vier Widerstände einer Wheatstoneschen Brücke seien R, R_1, R_2 und R_3. Dann ist $\mathrm{R} = \frac{\mathrm{R}_1 \mathrm{R}_2}{\mathrm{R}_3}$. Dabei ist etwa

$$\mathrm{R}_1 = R_1 + i\left(\omega L_1 - \frac{1}{\omega C_1}\right) \text{ usw.}$$

3. Zwei parallel geschaltete Induktionswiderstände sind an eine Wechselstromleitung angeschlossen. Die Stromstärken sind: in der ersten Spule J_1, in der zweiten J_2, im unverzweigten Stromkreise J. Wie groß ist der Phasenwinkel zwischen J_1 und J_2?

Lösung: $\varphi = \left\| J_1 {}^{J}_{J_2} \right\|$.

4. Der eine Zweig einer Wechselstromschleife hat die Stromstärke J_1, die Selbstinduktion L_1 und der Widerstand R_1, der andere entsprechend L_2 und R_2. Hinter der Schleife ist eine Selbstinduktion L vom Widerstand R geschaltet. Wie groß ist die Gesamtspannung?

Wir bilden zunächst die Vektoren

$$\begin{aligned} \mathrm{R} &= R + i\omega L \\ \mathrm{R}_1 &= R_1 + i\omega L_1 \\ \mathrm{R}_2 &= R_2 + i\omega L_2. \end{aligned}$$

Die Spannung an den Enden der Wechselstromschleife ist $J_2 \mathrm{R}_2 = J_1 \mathrm{R}_1$, also die Stromstärke hinter der Schleife bei R

$$\dot{\mathrm{I}} = J_1 + J_1 \frac{\mathrm{R}_1}{\mathrm{R}_2},$$

ferner wird, da die Spannung an der Selbstinduktion L gleich $\dot{\mathrm{I}}\mathrm{R}$ ist, die Gesamtspannung

$$\mathrm{E} = \left(J_1 + J_1 \frac{\mathrm{R}_1}{\mathrm{R}_2}\right) \mathrm{R} + J_1 \mathrm{R}_1 = J_1 \left(\mathrm{R} + \mathrm{R}_1 + \frac{\mathrm{R}\,\mathrm{R}_1}{\mathrm{R}_2}\right)$$

5. In dem einen Teil einer Stromverzweigung mit der Stromstärke J_1 sei zum Widerstand R_1 und zur Selbstinduktion L_1 eine Kapazität parallel geschaltet. Dieser den Kondensator enthaltende Zweig habe die Stromstärke J_2. Wie groß ist der Energieverbrauch?

Die Spannung im ersten Zweige ist

$$\mathrm{E} = e_\varphi = J_1 (R_1 + i \omega L_1) = J_1 \mathrm{R}_1.$$

Da der Ladestrom des Kondensators dieser Spannung um 90° vorauseilt, ist der Gesamtstrom $\dot{\mathrm{I}} = J_1 + J_{2\,\varphi+90}$. Dann ist der Energieverbrauch $\mathrm{E}\bar{\mathrm{I}}_0^{90}$ und die Blindleistung $\mathrm{E}\bar{\mathrm{I}}_{90}^{0}$.

6. Elektrische Kraftübertragung. Der Generator und Motor seien zwei gleich gebaute Maschinen. Am Motor soll der konstante Effekt $N = 30000$ Watt geleistet werden. Der Widerstand der Fernleitung sei 20 Ω, die Periodenzahl $n = 50$, ferner $L_1 = L_2 = 0{,}123$ Henry. Die resultierende EMK sei $\mathrm{E} = 1000$ Volt, die EMK des Generators $\mathrm{E}_1 = 2700$ Volt. Gesucht ist die EMK des Motors E_2.

Lösung: Das Produkt aus der wirksamen EMK des Motors und der Stromstärke soll konstant, also $\mathrm{E}_{w_2} \cdot J = N$ sein. Ferner ist $\mathrm{E} = J\mathrm{R}$, also ist $\mathrm{E}_{w_2} = \frac{N}{J} = N \cdot \frac{\mathrm{R}}{\mathrm{E}}$. Mithin ist (vgl. Fig. 60)

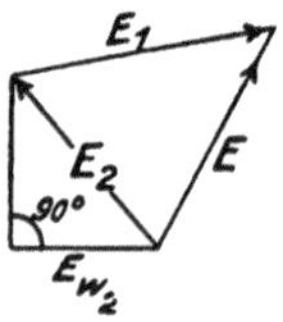

Fig. 60.

$$\mathrm{E}_1 = \left(\mathrm{E} + \frac{N}{J}\right)_{\mathrm{E}_1}^{90} \text{ und } -\mathrm{E}_2 = \mathrm{E}_1 - \mathrm{E} = \left(\mathrm{E} + \frac{N}{J}\right)_{\mathrm{E}_1}^{90} - \mathrm{E}.$$

In Zahlen wird

$$\mathrm{R} = 20 + (2\pi \cdot 50 \cdot 2 \cdot 0{,}123)_{90} = 80_{76}$$

$$-\mathrm{E}_2 = \left(1000_{76} + 30000 \cdot \frac{80}{1000}\right)_{2700}^{90} - 1000_{76} = \begin{cases} 2450_{348} \\ 2850_{328} \end{cases}$$

Die Aufgabe läßt also, wie bekannt, eine Doppellösung zu.

7. Die Fourierschen Reihen (harmonische Untersuchung der Wechselstromkurven).

a) Die Stromstärke als periodische analytische Funktion $J = f(t)$ mit der Periode T soll durch die Reihe ausgedrückt werden:

$$J = f(t) = a_0 + a_1 \cos \omega t + a_2 \cos 2\omega t + a_3 \cos 3\omega t \ldots\ldots$$
$$+ b_1 \sin \omega t + b_2 \sin 2\omega t + b_3 \sin 3\omega t \ldots\ldots$$

Hierbei ist $\omega = \frac{2\pi}{\mathrm{T}}$ und t die veränderliche Zeit. Dann ist bekanntlich

$$a_0 = \frac{1}{\mathrm{T}} \int_0^{\mathrm{T}} f(t)\, dt, \text{ ferner}$$

$$a_\varkappa = \frac{2}{\mathrm{T}} \int_0^{\mathrm{T}} f(t) \cos \varkappa \omega t \cdot dt \text{ und } b_\varkappa = \frac{2}{\mathrm{T}} \int_0^{\mathrm{T}} f(t) \sin \varkappa \omega t \cdot dt,\ \varkappa = 1, 2, 3 \text{ usw.}$$

Wir bilden die Vektoren

$$b_\varkappa - i\,a_\varkappa = -\frac{2\,i}{\mathrm{T}}\int_0^{\mathrm{T}} f(t)_{\varkappa\,360\frac{t}{\mathrm{T}}}\,dt = \dot{\mathrm{I}}^{(\varkappa)} = J_\alpha^{(\varkappa)}$$

Dann ist

$$J - a_0 = J' \sin(\dot{\omega} t + \alpha_1) + J'' \sin(2\,\dot{\omega} t + \alpha_2) \ldots .$$

oder

$$J - a_0 = \sum_1^\infty \dot{\mathrm{I}}^{(\varkappa)}{}_{\varkappa\,\dot{\omega}\,t}{}^{0}_{90}, \quad \text{wo } \dot{\omega} = \frac{360}{\mathrm{T}}$$

Unter Umständen bietet die vektorielle Reihenentwicklung für das Integral $\int F_\varphi\,d\varphi$ Vorteile (vgl. § 47).

b) Die Funktion $f(t)$ sei nicht durch ein analytisches Gesetz, sondern empirisch, etwa als Oszillogramm gegeben. Die Periode sei in r gleiche Teile geteilt, die Teilpunkte seien

$$t_1 \quad t_2 \quad t_3 \quad t_4 \quad t_5 \;\ldots\; t_r$$

und die zugehörigen Funktionswerte

$$(1)\;(2)\;(3)\;(4)\;(5)\;\ldots\;(r)$$

Dann ist

$$a_0 = \frac{1}{r}\sum_{n=1}^{n=r}(\mathrm{n}) \quad \text{und} \quad \dot{\mathrm{I}}^{(\varkappa)} = -\frac{2}{r}\,i\sum_{n=1}^{n=r}(n)_{n\frac{360}{r}\varkappa}$$

c) Man hat bisher, da die Zeichnung der Vektoren $b_\varkappa - i a_\varkappa$ unbequem und ungenau ist, die Koeffizienten $a_\varkappa$ und $b_\varkappa$ getrennt berechnet. Demgegenüber dürfte die vektorielle Bestimmung mit Hilfe des Instruments vorzuziehen sein.

d) Der Effektivwert des Stroms ist $\sqrt{\frac{1}{2}\,\Sigma J^2}$. Wird der Strom J durch die EMK erzeugt $E = \Sigma\,\mathrm{E}^{(\varkappa)}_{\varkappa\,\dot{\omega}\,t}{}^{0}_{90}$, so ist die Leistung

$$N = \frac{1}{2}\,\Sigma\,\mathrm{E}\,\bar{\mathrm{I}}\,{}^{90}_{0}$$

V. Abschnitt.

Vektorielle Geodäsie.

§ 52. Allgemeines.

Die Hauptaufgaben der elementaren Geodäsie: der Vorwärtsabschnitt, der Rückwärtseinschnitt und die Hansensche Aufgabe sind bereits in Abschnitt I behandelt.

Wir wenden uns jetzt zu den für die Vermessungspraxis besonders wichtigen Ausgleichungsaufgaben, also zur Punkt- und Netzausgleichung und zur Ausgleichung von Polygonzügen.

Diese Aufgaben werden bisher in der Regel durch die Rechnung gelöst. So z. B. wird bei der Punktausgleichung ein vorläufiger Punkt angenommen, worauf die Koordinatenverbesserungen dx und dy dieses Punktes nach der Methode der kleinsten Quadrate bestimmt werden. Hierzu werden so viel Fehlergleichungen in dx und dy aufgestellt, als Messungen vorhanden sind. Aus diesen Fehlergleichungen werden die Normalgleichungen gebildet und nach den Unbekannten aufgelöst. Dann sind noch die mittleren Fehler der Unbekannten zu bestimmen. Durch weitere Rechnung können durch Rechenkontrollen zwar Fehler festgestellt werden, die bei der Bildung und Auflösung der Normalgleichungen gemacht wurden, nicht aber solche, die bei der Aufstellung der Fehlergleichungen untergelaufen sind.

Naturgemäß war man bestrebt, diese ziemlich weitläufigen Rechnungen, die auf Schritt und Tritt in der geodätischen Praxis auszuführen sind, durch graphische Methoden zu ersetzen. Die bisher gefundenen zeichnerischen Auflösungen sind aber nicht einfach und handlich genug. Auch können sie ohne Rechnung nicht auskommen. Sie haben sich daher in der Praxis nicht einbürgern können.

Hier zeigt sich wieder die Überlegenheit der Vektorrechnung. Es gelingt, die Methode der kleinsten Quadrate, die man bisher nur auf reelle Größen angewandt hat, auch auf Vektoren auszudehnen. Dadurch ist es möglich, für den Fehlervektor $dx + idy$ eine knappe Formel aufzustellen und so die Aufgabe mit einem Schlage zu lösen.

An vektoriellen Rechnungen sind dabei nur Summierungen nötig. Wir bezeichnen in den abgeleiteten Formeln nach dem sonstigen Gebrauch der geodätischen Rechnungen die Summen aus gleichartigen Vektoren durch eine eckige Klammer. So z. B. bedeutet

$[l\,r_\varphi]$ die Summe $l_1 r_{1_{\varphi_1}} + l_2 r_{2_{\varphi_2}} + \ldots l_n r_{n_{\varphi_n}}$

Die nachstehend entwickelten Vektorformeln können auch unabhängig von dem Gebrauch des Vektorinstruments zeichnerisch verwendet werden. Denn selbst bei Verzicht auf die Erleichterungen, die das Instrument gewährt, sind sie den bisher bekannten Methoden nicht unwesentlich überlegen. Vgl. hierzu die Rechenbeispiele § 58, in denen die Vektorsummen auch graphisch gebildet sind.

§ 53. Der überbestimmte Vorwärtsabschnitt.

A) Neue Hauptformeln.

1) . . . . . $P = \frac{q}{4}(1 - g^2)$

2) . . . $z_{\zeta-90} = \frac{w_\omega - g\,w_{\gamma-\omega}}{2P}$ mit $\left.\begin{aligned} dx &= z\cos\zeta \\ dy &= z\sin\zeta \end{aligned}\right\}$

3) . . . . $[v\,v] = [l\,l] - w\,z\sin(\omega - \zeta)$

4) . . . . $M_z^2 = \frac{[v\,v]}{(n-2)\,P}$

Dabei bedeuten in cm:

z_ζ den gesuchten Endvektor: angenäherter Punkt — endgültiger Punkt,

w_ω den »Widerspruchsvektor« $[l\,r_\varphi]$,

g_γ den »Gewichtsvektor« $\frac{1}{q}[r^2_{2\varphi}]$,

q die Quadratsumme $[r\,r]$

P das Punktgewicht, M_z den mittleren Punktfehler.

Die Größen r sind die mit $\varrho = \text{arc}\; rad\; 1''$ multiplizierten reziproken Entfernungen (in km 10^5), also etwa $r_m = \frac{\varrho}{s_m}$

dx, dy, l in Sekunden, φ (Angabe in Graden genügt), v haben die übliche Bedeutung.

B) Gang der Rechnung (vgl. § 58, Beispiel 1).

Reihenfolge der Ermittlung:

Gewichtsvektor, Punktgewicht, Widerspruchsvektor, Endvektor (nebst endgültigen Koordinaten), endgültige Richtungen, Probe: Doppelberechnung von (vv), Punktfehler.

C) Weitere Formeln (für besondere Zwecke).

5) $v_m = r_m z \sin(\zeta - \varphi_m) - l_m$

6) $ds_m = z \cos(\zeta - \varphi_m)$, wobei ds die Seitenverbesserungen,

7) $\begin{cases} P_x = \dfrac{2P}{1 + g\cos\gamma}, & \text{wo } P_x \text{ das Gewicht von } dx \\ P_y = \dfrac{2P}{1 - g\cos\gamma} & P_y \text{ » » » } dy \end{cases}$

8) Vektorprobe $[r\, v_\varphi] = 0$

9) Näherungswert $z_{\zeta - 90} = \dfrac{w_\omega}{q}$

D) Bemerkungen.

a) Der Widerspruchsvektor hängt ab von der Annäherung des vorläufigen Punktes an den endgültigen und von den Einzelmessungen. Er kann erst ermittelt werden, nachdem sämtliche Messungsergebnisse feststehen.

Der Gewichtsvektor ist von ihm wesentlich verschieden. Er ist von der Wahl des vorläufigen Punktes und von den Einzelmessungen unabhängig. Er wird durch das Netzbild bedingt. Er kann mit ausreichender Genauigkeit ermittelt werden, sobald roh angenäherte Werte der Seiten und Richtungen bekannt sind. Der Gewichtsvektor und das durch ihn bestimmte Punktgewicht können also nach einem einigermaßen zutreffenden Netzbild bereits während der Feldarbeit ermittelt werden. Sie entscheiden über die Güte der Netzanordnung.

Vom Standpunkt der Statik aus betrachtet, ist der Gewichtsvektor das Verhältnis des vektoriellen Trägheitsmomentes zum skalaren. Das ebene Massensystem sind die Festpunkte, Bezugspunkt der Neupunkt.

b) Aus den Hauptformeln unter A) ergeben sich folgende Ungleichungen:

10) . . . $g < 1$; $\sin(\zeta - \omega) > \dfrac{z \cdot 2P}{w}$; $z < \dfrac{2w}{q(1-g)}$;

$$\sqrt{\frac{[l\,l]}{2P}} > z > \frac{2w}{q(1+g)} > \frac{w}{q}$$

Je kleiner der echte Bruch g, desto günstiger ist unter sonst gleichen Verhältnissen die Punktbestimmung, desto zutreffender die Näherungsformel $z = \dfrac{2w}{q}$.

Verschwindet mit $w = 0$ der Widerspruchsvektor, so fallen vorläufiger und endgültiger Punkt zusammen.

E) Beweis der Hauptformeln 1) und 2).

Die Fehlergleichungen sind bekanntlich:

11) . . . $-r_1\,d\,x \sin\varphi_1 + r_1\,d\,y \cos\varphi_1 - l_1 = v_1$

$-r_2\,d\,x \sin\varphi_1 + r_1\,d\,y \cos\varphi_2 - l_2 = v_2$ usw.

12) . . oder auch $r_1\,z \sin(\zeta - \varphi_1) - l_1 = v_1$

$r_2\,z \sin(\zeta - \varphi_2) - l_2 = v_2$ usw.

Differenziert man die Fehlerquadratsumme:

$$(-r_1\,d\,x \sin\varphi_1 + r_1\,d\,y \cos\varphi_1)^2 + \ldots\ldots = [v\,v]$$

nach dx und dann nach dy und addiert, so folgt $(r v_\varphi) = 0$, d. h. die Vektorprobe gemäß Gleichung 8).

Hat man endgültige Verbesserungen gefunden, die dieser Gleichung genügen, so sind diese Verbesserungen unter allen Umständen die wahrscheinlichsten Werte. Diese durchgreifende Probe enthält neben den v nur die Ausgangswerte.

Der Vektorprobe zufolge muß sein zufolge dem System 12)

$$[r_1^2\,z \sin(\zeta - \varphi_1) - l_1\,r_1]_{\varphi_1} + [r_2^2\,z \sin(\zeta - \varphi_2) - l_2\,r_2]_{\varphi_2} \ldots\ldots = 0$$

Jetzt gehen wir zu Vektoren über mittels der Gleichung:

$$z \sin(\zeta - \varphi_1) = \frac{z_{\zeta - \varphi_1} - z_{-\zeta + \varphi_1}}{2\,i}$$

daher

$$\left[\frac{r_1^2\,z_{\zeta - \varphi_1}}{2\,i} - \frac{r_1^2\,z_{-\zeta + \varphi_1}}{2\,i} - l_1\,r_1\right]_{\varphi_1} + \ldots\ldots = 0 \text{ oder}$$

13) $[r^2]\,z_\zeta - [r^2_{2\varphi}]\,z_{-\zeta} = 2\,i\,[l\,r_\varphi]$.

Gleichzeitig mit dieser Gleichung muß aber auch ihre konjugierte gültig sein, mithin

$[r^2]\,z_{-\zeta} - [r^2_{-2\varphi}]\,z_\zeta = -2\,i\,[l\,r_{-\varphi}]$

Diese beiden Gleichungen lösen wir nach der Unbekannten z_ζ auf und erhalten

$$z_{\zeta - 90} = 2 \cdot \frac{[r^2]\,[l\,r_\varphi] - [r^2_{2\varphi}]\,[l\,r_{-\varphi}]}{[r^2]^2 - [r^2_{2\varphi}]\,[r^2_{-2\varphi}]}$$

Da nach den angenommenen Bezeichnungen unter A) ist

$$[l\,r_\varphi] = w_\omega$$

$$\frac{[r^2_{2\varphi}]}{[r^2]} = g_\gamma \text{ und } [r^2] = q$$

wird

$$z_{\zeta - 90} = \frac{w_\omega - g\,w_{\gamma - \omega}}{\frac{q}{2}\,(1 - g^2)}$$

gemäß Gleichungen 1) und 2).

Statt erst in der Gleichung für die Vektorprobe die Vektoren einzuführen, kann man dies aber bereits von vornherein in den Fehlergleichungen tun. Setzt man

$$d\,x = \frac{z_\zeta + z_{-\zeta}}{2} \quad \text{und} \quad d\,y = \frac{z_\zeta - z_{-\zeta}}{2\,i}$$

so geht das System 11) über in die vektoriellen Fehlergleichungen

$$z_\zeta \cdot r_{1_{-\varphi_1}} - z_{-\zeta} \cdot r_{1_{\varphi_1}} - 2\,i\,l_1 = v' \quad \text{usw.}$$

Aus diesen Vektorgleichungen kann man in der gewöhnlichen Weise wie bei skalaren Gleichungen die Normalgleichungen 13) bilden. Mit anderen Worten: man kann auch die Methode der kleinsten Quadrate zur Ausgleichung von Vektoren benutzen.

F) Beweis für die Formel 3) über die Fehlerquadratsumme. Den Fehlergleichungen 12) zufolge soll sein

$$[v\,v] = [r_1\,z \sin(\zeta - \varphi_1) - l_1]^2 + \ldots\ldots = \text{Min.}$$
$$= [l\,l] - 2\,z\,[l\,r \sin(\zeta - \varphi)] + z^2\,[r^2 \sin^2(\zeta - \varphi)].$$

Die Differentiation der Minimumsbedingung nach z gibt

$$z\,[r^2 \sin^2(\zeta - \varphi)] = [l\,r \sin(\zeta - \varphi)].$$

Nun aber ist, da

$$[l\,r_\varphi] = w_\omega, \quad [l\,r \sin(\zeta - \varphi)] = -\,w \sin(\omega - \zeta),$$

also ist $[v\,v] = [l\,l] - z\,w \sin(\zeta - \omega)$.

G) Gewichtssätze. Die Summen

$$r_1^2 \sin^2 \varphi_1 + r_2^2 \sin^2 \varphi_2 \ldots\ldots = q_y \quad \text{und}$$
$$r_1^2 \cos^2 \varphi_1 + r_2^2 \cos^2 \varphi_2 \ldots\ldots = q_x$$

kann man als die äquatorialen Trägheitsmomente auffassen. Ihre Summe $[r\,r] = q$ ist das polare Trägheitsmoment. Ihre Differenz ergibt $q_x - q_y = [r^2 \cos 2\varphi]$. Setzt man das vektorielle Trägheitsmoment $[r^2_{2\varphi}] = q\,g_\gamma$, so ist $[r^2 \cos 2\,\varphi] = q\,g \cos\gamma$. Daher $q_x = \frac{q}{2}\,(1 + g \cos\gamma)$ und

$$q_y = \frac{q}{2}\,(1 - g \cos\gamma).$$

Die extremen Werte für die Trägheitsmomente q_x und q_y sind $\frac{q}{2}\,(1 + g)$ und $\frac{q}{2}\,(1 - g)$. Sie entsprechen den Hauptachsen der Trägheitsellipse und sind unabhängig von der Wahl des Koordinatensystems.

Ihr Produkt gibt das Punktgewicht entsprechend $q\,P = \frac{q^2}{4}\,(1 - g^2)$.

Wegen der Invarianz der Größen q und g ist auch das Punktgewicht von der Wahl der Achsen unabhängig.

Für das Punktgewicht gilt noch die bekannte Beziehung

$$\frac{1}{P_x} + \frac{1}{P_y} = \frac{1}{P}, \text{ wobei } \frac{1}{P_x} = \frac{q_x}{q\,P}$$

Hieraus folgen die Gleichungen 7).

§ 54. Der überbestimmte Rückwärtseinschnitt.

A) Ausgleichung nach Richtungen.

a) Nach vorläufiger Orientierung im Neupunkt gelten dieselben Formeln wie für den Vorwärtsabschnitt mit folgenden geringen Änderungen:

An der Bildung der Summen $[r^2_{2\varphi}]$ und $[r^2]$ beteiligt sich noch der die Satzverdrehung im Neupunkt bedingende »Drehvektor« $d_\delta = [r_\varphi]$ mit dem Gewicht $-\frac{1}{n}$. Diese Summen erhalten also je die Zusätze $-\frac{d^2_{2\delta}}{n}$ und $-\frac{d^2}{n}$. Auf den Widerspruchsvektor hat der Drehvektor keinen Einfluß.

Sonst ändert sich nur noch das Vorzeichen von z_ζ und unter den Formeln für besondere Zwecke die Bestimmung der v.

Hiernach Gang der Rechnung: erst Ermittlung des Drehvektors, dann wie beim Vorwärtsabschnitt. Vgl. § 58, Beispiel 2.

b) Formeln für besondere Zwecke:

$$\text{Orientierungsunbekannte } (0) = -\frac{d \cdot z}{n} \sin(\zeta - \delta) \text{ und}$$

$$\text{demzufolge } v_m = (0) + r_m\, z \sin(\zeta - \varphi_m) - l_m.$$

c) Bemerkungen. Die Formel für (0) zeigt, daß der Drehvektor d die Satzverdrehung wesentlich mitbestimmt und zugleich mit ihr verschwindet. Wählt man den Neupunkt nahe dem Punkt $d_\delta = [r_\varphi] = 0$, so kann der dann kleine Drehvektor, der zudem nur mit geringem Gewicht auftritt, in der Rechnung vernachlässigt werden. Der Rückwärtseinschnitt mit n Richtungen wird dann zu einem Vorwärtsabschnitt mit n Richtungen. Die Aufstellung in ungefährer Nähe von $[r_\varphi] = 0$ ist also zu empfehlen.

In jedem Dreieck gibt es zwei Punkte $[r_\varphi] = 0$. Im gleichseitigen Dreieck fallen sie im Mittelpunkt zusammen. Außerhalb des Dreiecks ist überall $[r_\varphi] \neq 0$.

Die Punkte $d_\delta = [r_\varphi] = 0$ sind Schwerpunkte der gegebenen Festpunkte, falls in diesen Punkten Massen angenommen werden, die den Quadraten der Entfernungen vom Neupunkt umgekehrt proportional sind.

d) Beweis für die vektorielle Ausgleichung des Rückwärtseinschnitts.

Die Fehlergleichungen sind: $(0) + r_1\, z \sin(\zeta - \varphi_1) - l_1 = v_1$ usw.

Die Differentiation der Minimumsbedingung nach (0) ergibt

$$[v] = 0 \text{ und } (0) = -\frac{[r\,z\sin(\zeta-\delta)]}{n} = -\frac{d\cdot z}{n}\sin(\zeta-\delta) \text{ für } [r_\varphi] = d_\delta.$$

Die Differentiation nach z und φ ergibt: $[r v_\varphi] = 0$, d. h. die Vektorprobe.

Diese beiden Probegleichungen $[v] = 0$ und $[r v_\varphi] = 0$ enthalten die vollständigen Bedingungen für die Ausgleichung. Die v sind die skalaren Verbesserungen, die Größen $r v_\varphi$ können als die vektoriellen Verbesserungen aufgefaßt werden. In Worten heißt also die Bedingung für die vollzogene Ausgleichung: Die Summe der skalaren und der vektoriellen Verbesserungen muß verschwinden. Dieses Gesetz läßt sich auf beliebige Dreiecksnetze ausdehnen, wo es für jeden Punkt gilt. Es ist das Grundgesetz der trigonometrischen Netzausgleichung. Es enthält deren notwendige und zugleich hinreichende Bedingung.

Setzt man in der Gleichung $[r v_\varphi]$ die Werte von v und (0) ein, so entsteht

$$\left(-r_1\frac{d}{n}z_{\zeta-\delta} + r_1\frac{d}{n}z_{-\zeta+\delta} + r_1^2 z_{\zeta-\varphi_1} - r_1^2 z_{-\zeta+\varphi_1} - 2\,i\,l_1 r_1\right)_{\varphi_1} + \\ + \ldots\ldots = 0$$

oder

$$-[r_\varphi]\,d_{-\delta}\,\frac{z_\zeta}{n} + [r_\varphi]\,d_\delta\,\frac{z_{-\zeta}}{n} + [r^2]\,z_\zeta - [r_{2\varphi}^2]\,z_{-\zeta} = 2\,i\,[l\,r_\varphi]$$

oder

$$\left([r^2] - \frac{d^2}{n}\right)z_\zeta - \left([r_{2\varphi}^2] - \frac{d_{2\delta}^2}{n}\right)z_{-\zeta} = 2\,i\,[l\,r_\varphi].$$

Aus dieser Gleichung und ihrer Konjugierten folgt wie beim Vorwärtsabschnitt der Endwert von z_ζ.

e) Schwerpunktssätze.

1. Ist S der Schwerpunkt eines Systems ebener Massenpunkte m_1, m_2, m_3 von der Gesamtmasse $M = [m]$ und P ein beliebiger Punkt der Ebene, so ist $[m\,t_\tau] = 0$, $[m\,r_\varphi] = d_\delta$. Hierbei sind die t_τ die Vektoren vom Schwerpunkt S nach den einzelnen Massenpunkten und die r_φ die entsprechenden Vektoren vom Punkte P aus. Ferner ist d_d der Vektor $M \cdot$ SP.

2. Das polare Trägheitsmoment für den Punkt P ist nach dem Steinerschen Satz $[m r^2] - M\left(\frac{d}{M}\right)^2 = [m\,t^2]$.

3. Das vektorielle Trägheitsmoment ist entsprechend

$$[m\,r_{2\varphi}^2] - M\left(\frac{d_\delta}{M}\right)^2 = [m\,t_{2\tau}^2]$$

4. Folgerungen für den Rückwärtseinschnitt.

Bildet man das reziproke Netzbild, d. h. trägt man unter Beibehalt der Richtungen vom Neupunkt aus die reziproken Werte der Seiten ein, so erhält man beim Rückwärtseinschnitt den Gewichtsvektor g_γ, wenn man die Größe $\frac{[t^2_{2\tau}]}{[t^2]}$ für die Schwerpunktsvektoren bildet. Beim Vorwärtsabschnitt wird g_γ für die vom Neupunkt selbst ausgehenden Strahlen gebildet.

B) Ausgleichung nach Winkeln.

Es seien z. B. gemessen die Winkel

$$P_0 P P_1 = \varphi_1$$
$$P_0 P P_2 = \varphi_2$$
$$P_0 P P_3 = \varphi_3$$

usw.

Dabei sei P der Neupunkt, P_1, P_2 usw. seien Festpunkte. Doch ist jede beliebige Anordnung der Winkel zulässig.

Man bildet für die Ausgleichung:

$$-r_{1\varphi_1} + r_{2\varphi_2} = t_{1\psi_1}$$
$$-r_{1\varphi_1} + r_{3\varphi_3} = t_{2\psi_2}$$

usw.

Mit den Größen t und ψ, die an die Stelle der r und φ treten, bestimmt man den Vorwärtsabschnitt.

Beweis. Die Fehlergleichungen sind bekanntlich:

$$r_1 \sin \varphi_1\, d\,x - r_1 \cos \varphi_1\, d\,y - r_2 \sin \varphi_2\, d\,x + r_2 \cos \varphi_2\, d\,y - l_1 = v_1$$

usw. zufolge den gemessenen Winkeln.

Setzt man für dx ein $\frac{z_\zeta + z_{-\zeta}}{2}$ und für dy ein $\frac{z_\zeta - z_{-\zeta}}{2i}$, so entstehen die neuen Fehlergleichungen

$$z_\zeta(-r_{1-\varphi_1} + r_{2-\varphi_2}) - z_{-\zeta}(-r_{1\varphi_1} + r_{2\varphi_2}) + 2\,i\,l_1 = v_1 \text{ oder}$$
$$z_\zeta\, t_{1-\psi_1} - z_{-\zeta}\, t_{1\psi_1} + 2\,i\,l_1 = v_1$$

wie beim Vorwärtsabschnitt.

C) Vereintes Vorwärts- und Rückwärtseinschneiden nach Richtungen.

Die Absolutglieder werden in der gewöhnlichen Weise nach den Schreiberschen Regeln unter Berücksichtigung der Gewichte berechnet. Die verschiedenen Gewichte gehen in die Summenformeln ein. Diese werden $[p\,l\,r_\varphi]$, $[p\,r^2_{2\varphi}]$, $[p\,r^2]$. Sonst ändert sich nichts. Der Einfluß der drei maßgebenden Vektoren bleibt bestehen. Der Drehvektor behält den Wert, den er für den Rückwärtseinschnitt ohne die hinzukommenden äußeren Richtungen hat.

§ 55. Doppel- und mehrfache Punkte, Netze.

a) Doppelpunkte.

1. Die wohl mit Sicherheit vorhandenen vorläufigen Werte der Seiten und Richtungen, wie sie für Zentrierungen und ähnliche Zwecke gebraucht werden, gestatten es, für jeden Punkt den Gewichtsvektor und das Punktgewicht bereits vor der Ausgleichung zu ermitteln.

Ist dies noch nicht geschehen, so sind die beiden Gewichtsgrößen zunächst zu bestimmen.

2. Hierauf wird der am besten bestimmte Neupunkt I ohne Rücksicht auf II ausgeglichen. Sein Gewichtsvektor ist hierfür der ausfallenden Richtung nach II entsprechend ein wenig abzuändern.

3. Hierauf wird II als Folgepunkt von I ausgeglichen.

4. Darauf I als Folgepunkt von II und schließlich, falls dies noch erforderlich,

5. II als Folgepunkt von I verbessert.

Die Rechnungen zu 4. und 5. machen nur wenig Arbeit. Die Gewichtsvektoren (und mit ihnen die Punktgewichte) bleiben unverändert. Es sind nur die kleinen Widerspruchsvektoren zu bestimmen. Als Vorbereitung dafür ist nur die Rechnung einer Richtung und Neuorientierung erforderlich.

b) Netze. In gleicher Weise kann man mit verhältnismäßig geringer Rechenarbeit auch bei Dreiecksnetzen verfahren, soweit für sie Koordinatenausgleichung am Platze ist.

Die Gewichtsvektoren und Punktgewichte stehen für jeden Punkt fest, die Widerspruchsvektoren werden durch wenige Annäherungen zum Verschwinden gebracht.

Durchgreifende Probe für jeden Punkt ist die Bedingung, daß die Summe der skalaren Verbesserungen, wie auch die der vektoriellen verschwinden muß.

§ 56. Vorteile der vektoriellen Ausgleichung.

1. Das Verfahren beruht für alle einschlägigen Aufgaben auf einer einzigen knappen Formel. Auch die Ableitung dieser Formel ist nicht schwierig.

2. Die Rechnungen werden wesentlich kürzer und übersichtlicher. S. die Rechenbeispiele § 58.

Die Vorteile des Verfahrens wachsen, wenn zur Summierung der Vektoren das Vektorinstrument verwendet wird.

3. Die Rechnung liefert zugleich das Punktgewicht und den Punktfehler, also einheitliche, von der Wahl des Koordinatensystems unabhängige Maße für die Genauigkeit.

4. Sie gibt neben der Probe durch die Quadratsumme der Fehler noch eine die Richtigkeit der Ausgleichung unbedingt gewährleistende

Kontrolle: die Vektorprobe. Diese Probe gilt ganz allgemein, auch wenn z. B. Dreiecksnetze nicht nach Koordinaten, sondern nach Dreiecks- und Seitengleichungen ausgeglichen werden.

5. Falls erwünscht, können ohne Berechnung aus den Gesamtwerten der endgültigen Koordinaten nicht nur die Richtungsverbesserungen, sondern auch die Seitenverbesserungen auf einfache und übersichtliche Weise unmittelbar gebildet und am Instrument abgelesen werden. Vgl. Formeln 5) und 6) sowie § 12 Ziff. 4.

6. Ganz allgemein ist noch zu bemerken: Zur Lösung werden nur die aus dem Wesen der Aufgabe selbst sich ergebenden Bestimmungsgrößen, nämlich die drei Längen d, g, w und ihre Richtungsunterschiede, benutzt.

Diese Größen sind, von jeder Koordinatenbeziehung losgelöst, die in der Rechenebene vorhandenen invarianten Bestimmungsstücke der Ausgleichung.

Durch die Verwendung dieser Mindestzahl von Bestimmungsgrößen, die zu dem der räumlichen Vorstellung zugänglich sind, wird die Lösung auf die einfachste und zugleich anschaulichste Form gebracht.

Ein weiteres Beispiel für die Vorteile dieses Rechenverfahrens bietet die nachstehende Ausgleichung der Polygonzüge.

§ 57. Ausgleichung von Polygonzügen (mit Doppelanschluß und drei überschüssigen Messungen).

Zuerst wird der Winkelwiderspruch in der üblichen Weise auf die Brechungswinkel verteilt, hierauf der Zug durchgerechnet. Die beiden Abschlußdifferenzen ergeben den Widerspruchsvektor $w_\omega = w_x + i w_y$. Ferner folgt aus den beim Durchrechnen des Zuges gefundenen Summen der Koordinatenunterschiede $[s \cos\varphi]$ und $[s \sin\varphi]$ die Längsrichtung des Zuges als der Vektor $[s_\varphi] = [s \cos\varphi] + i\,[s \sin\varphi] = \Sigma_\sigma$. Dann ist

die Querverfehlung $w_q = w \sin(\omega - \sigma)$ und

die Längsverfehlung $w_l = w \cos(\omega - \sigma)$.

Nach diesen vorbereitenden Ermittlungen wird zur Ausgleichung übergegangen.

A. 1. Ausgleichungsverfahren (Annäherung).

Man bildet den Vektor $k_\varkappa = \dfrac{w_\omega - g\,w_{\gamma-\omega}}{2P}$ und damit die Seitenverbesserungen

$$d s_m = s_m \cdot k \cos(\varkappa - \varphi_m)$$

und die Verbesserungen der Koordinatenunterschiede

$$d x_m = s_m \cos\varphi_m \cdot k \cos(\varkappa - \varphi_m)$$
$$d y_m = s_m \sin\varphi_m \cdot k \cos(\varkappa - \varphi_m).$$

Die Winkel bleiben unverändert. Proben: $\begin{cases}[dx] = w_x \\ [dy] = w_y.\end{cases}$

Hierbei sind:

$$g_\gamma = \frac{[s_{2\varphi}]}{[s]}, \quad P = [s]\frac{1 - g^2}{4}; \quad s_m \text{ die Seiten, } \varphi_m \text{ die Richtungen.}$$

Die Größen $s \cos \varphi$ und $s \sin \varphi$ sind bereits bekannt. Im wesentlichen handelt es sich also nur um die Ermittlung des Vektors g_γ. Nach Anbringen der Zuschläge ds, dx, dy ist sogleich der gesamte Zug mit Koordinaten, Seiten und Winkeln unter guter Annäherung an die wahrscheinlichsten Werte widerspruchsfrei. Kein anderes Ausgleichungsverfahren, auch nicht die besonders einfache, wenn auch völlig willkürliche Verteilung der Abschlußdifferenzen proportional den Koordinatenunterschieden, liefert in so schneller Weise widerspruchsfreie Gesamtwerte nicht bloß der Koordinaten, sondern auch der Seiten und Winkel.

Bemerkt wird noch, daß für Ablesungen am Instrument folgende Umbildung erfolgen kann. Ist $k_\varkappa = \mathrm{K}$, und bezeichnet man ferner den Vektor $ds_{m\varphi m} = dx_m + i\,dy_m$ mit z_m, so ist $z_m = \frac{s_m}{2}(\mathrm{K} + \overline{\mathrm{K}}_{2\varphi m})$. Die Länge dieses Vektors z_m ist ds_m, die Abszisse dx_m, die Ordinate dy_m. Dann wird die Probe $[z] = w_\omega$. Eine weitere Probe ist

$$[vv] = \left(\frac{ds}{s}\right)^2 = w\,k\cos(\varkappa - \omega).$$

Vgl. hierzu § 58, Beispiel 3.

Beweis für dieses Verfahren: Es soll sein $[ds_\varphi] = w_\omega = [z]$. Da ferner die vorläufig bereits ausgeglichenen Winkel nicht mehr geändert werden sollen, wird die Bedingung für das Minimum

$$\frac{ds_1^2}{s_1} + \frac{ds_2^2}{s_2} \ldots\ldots = \text{Min (I)}.$$

Zu dieser Bedingung treten die beiden aus $[ds_\varphi] = w_\omega$ gehörigen skalaren Gleichungen

$$\text{(II)} \quad ds_1 \cos\varphi_1 + ds_2 \cos\varphi_2 + \ldots\ldots = w\cos\omega \text{ und}$$
$$\text{(III)} \quad ds_1 \sin\varphi_1 + ds_2 \sin\varphi_2 + \ldots\ldots = w\sin\omega.$$

Zur Auflösung wird die Korrelatenmethode benutzt.

Als Korrelate für (II) setzen wir $k_1 = k\cos\varkappa$ und als

» » (III) » » $k_2 = k\sin\varkappa$.

Dann liefert die Minimumsbedingung das System

$$\text{(IV)} \quad \ldots \quad \frac{ds_1}{s_1} = k_1\cos\varphi_1 + k_2\sin\varphi_1 = k\cos(\varkappa - \varphi_1) \text{ usw.}$$

Aus (IV) entnehmen wir die Werte für ds_1, ds_2 usw. und setzen sie in $[ds_\varphi] = w_\omega$ ein. So entsteht

$$s_1\, k \cos(\varkappa - \varphi_1)_{\varphi_1} + s_2\, k \cos(\varkappa - \varphi_2)_{\varphi_2} \dots = w_\omega$$

$$\text{oder } s_1 (k_{\varkappa - \varphi_1} + k_{-\varkappa + \varphi_1})_{\varphi_1} + s_2 (k_{\varkappa - \varphi_2} + k_{-\varkappa + \varphi_2})_{\varphi_2} + \dots = 2\, w_\omega$$

$$\text{oder } k_\varkappa [s] + k_{-\varkappa} [s_{2\varphi}] = 2\, w_\omega .$$

Daraus und aus der zugehörigen Konjugierten folgt

$$k_\varkappa = \frac{w_\omega - g\, w_{\gamma - \omega}}{2P} \text{ und } P = [s]\, \frac{1 - g^2}{4} \text{ wie beim Vorwärtsabschnitt.}$$

B. Zweites Verfahren (neue strenge Lösung).

Hierzu wird bemerkt, daß bisher die strenge Ausgleichung der Polygonzüge wohl möglich war. Aber die Rechnungen sind so weitläufig, daß sie für praktische Verwendung nicht in Frage kommen können. Auch für die Aufgabe der strengen Ausgleichung liefert die Vektorrechnung unmittelbar die geschlossenen Endformeln.

Lösung: Die Seitenverbesserungen sind $d s_m = s_m k \cos(\varkappa - \varphi_m)$ und die Winkelverbesserungen $d \beta_m = \nu \varrho\, t_m\, k \sin(\varkappa - \tau_m)$.

Hierbei ist wieder $k_\varkappa = \dfrac{w_\omega - g\, w_{\gamma - \omega}}{2P}$, ferner

$$g_\gamma = \frac{[s_{2\varphi}] - \nu [t^2_{2\tau}]}{[s] + \nu [t^2]}, \quad P = ([s] + \nu [t^2]) \cdot \frac{1 - g^2}{4} .$$

$t_m\, \tau_m$ sind die Schwerpunktsvektoren der Polygonpunkte (einschl. der beiden Anschlußpunkte).

$\nu \varrho^2$ ist das Gewichtsverhältnis $\dfrac{\text{Längenmessung}}{\text{Winkelmessung}}$, wobei $\varrho = \text{arc rad}$ der Winkeleinheit. Vgl. auch Fig. 61.

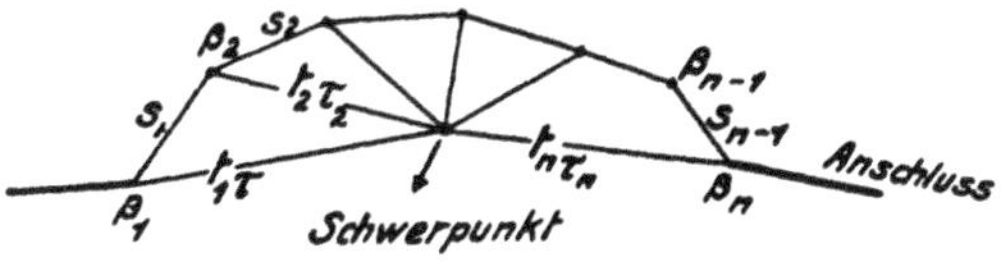

Fig. 61.

Zusätze: ν ist ein kleiner Wert. Ist z. B. der mittlere Winkelfehler 0,5′, der mittlere Längeneinheitsfehler 0,015, so ist

$$\nu \varrho^2 = \left(\frac{0{,}5}{0{,}015}\right)^2 = \frac{10^4}{9} = \nu\, 3400^2 \quad \text{und} \quad \nu \sim \frac{1}{10000} .$$

Die Quadratsumme $[t^2]$ ist das auf den Schwerpunkt bezogene polare Trägheitsmoment der Polygonpunkte, $[t^2_{2\tau}]$ das zugehörige vektorielle Trägheitsmoment.

Der Schwerpunkt wird auf dem Netzbild durch Schätzung ermittelt. Hierauf werden die Schwerpunktsvektoren dem Netzbild entnommen. Rohe Annäherung genügt.

Hiernach erscheint das Verfahren bei wichtigeren Rechnungen auch für die Praxis durchaus brauchbar.

Proben.

$$[d\,x] = w_x$$

$$[d\,y] = w_y, \quad \text{sonst noch} \quad [v^2] = \left[\frac{d\,s^2}{s}\right] + \frac{[d\,\beta^2]}{\nu\,\varrho^2} = w\,k\cos(\varkappa - \omega)$$

Beweis. Die Bedingung für das Minimum ist:

$$\frac{d\,s_1^2}{s_1} + \frac{d\,s_2^2}{s_2} \ldots + \frac{d\,s_{n-1}^2}{s_{n-1}} + \frac{1}{\nu\,\varrho^2}(d\,\beta_1^2 + d\,\beta_2^2 \ldots .\ d\,\beta_n^2) = \text{Min.}$$

Ferner sind folgende Gleichungen als Nebenbedingungen vorhanden:

$$[d\,s_q] + \left[\frac{i\,s\,d\,\varphi_q}{\varrho}\right] = w_\omega;\ [d\,\beta] = 0 \text{ und } d\,\varphi_m = d\,\beta_1 + d\,\beta_2 + \ldots d\beta_m.$$

Die Entwicklungen entsprechen den bisherigen. Für den Übergang von den Vektoren des Endpunktes zu den Schwerpunktsvektoren sind die für den Rückwärtseinschnitt gegebenen Schwerpunktssätze maßgebend.

C. Gestreckte Züge (Annäherung).

Drittes Verfahren.

Lösung. Die Seitenverbesserungen sind

$$d\,s_m = s_m \cdot \frac{w\cos(\omega - \sigma)}{[s]} = s_m \cdot a,$$

die Winkelverbesserungen

$$d\,\beta_m = \varrho\,t_m \cdot \frac{w\sin(\omega - \sigma)}{[t^2]} = \varrho\,t_m \cdot b,$$

die Verbesserung der Koordinaten

$$\left.\begin{aligned} d\,x_m &= a\,s_m\cos\varphi_m - T_m \cdot b \cdot s_m \sin\varphi_m \\ d\,y_m &= a\,s_m\sin\varphi_m + T_m\,b\,s_m \cdot \cos\varphi_m \end{aligned}\right\} \quad \text{wobei } T_m = t_1 + t_2 + \ldots \text{ bis } t_m.$$

Beweis. Für den gestreckten Zug, also für $\varphi_1 = \varphi_2 = \varphi_3 \ldots = \tau_1 = \tau_2$ hebt sich ν bei der Entwicklung der scharfen Formeln des zweiten Verfahrens heraus und diese vereinfachen sich.

Zusätze. Die Größen t und $[t^2]$ sind durch Abschätzung leicht zu ermitteln, die Größen $w\cos(\omega - \sigma)$, $w\sin(\omega - \sigma)$, $s\cos\varphi$, $s\sin\varphi$ sind bekannt.

Die bisher in der Praxis üblichen Formeln für die Beseitigung der Querverfehlung sind ungenauer, aber nicht einfacher.

D. Schlußbetrachtungen.

1. Ist die Größe $\frac{[s_{2\varphi}]}{[s]}$ etwa $> \frac{1}{2}$, so eignet sich das erste Verfahren nicht mehr für die Ausgleichung. Denn bei vorhandener Querverfehlung kann man dann die Winkel nicht mehr unverändert lassen, ohne die Genauigkeit der Seiten zu benachteiligen. In solchen Fällen empfiehlt sich also das dritte Verfahren oder für genauere Rechnungen das zweite.

2. Beim zweiten Verfahren wurde die Fehlerquadratsumme der Winkel gemeinsam mit der der Seiten möglichst klein gemacht. Die Rechnung vereinfacht sich, wenn man statt dessen die Quadratsumme der Richtungs- und der Seitenfehler zum Minimum macht, wodurch freilich von der Forderung strenger Ausgleichung abgewichen wird. Setzt man dabei noch die Größe ν willkürlich gleich 1, so erhält man die in einigen amtlichen Vorschriften vorgesehene Ausgleichung der Abschlußdifferenzen proportional den Seiten.

Berücksichtigt man bei der — willkürlichen — Ausgleichung nach Richtungen, daß deren Gewicht mit der Zahl der Bruchpunkte proportional abnimmt, so erhält man die übliche Ausgleichung für die Querverfehlung gestreckter Züge, der zufolge die Richtungsverbesserungen von den Anschlußpunkten nach der Zugmitte hin in arithmetischer Reihe wachsen.

Diese Ausführungen rechtfertigen im Hinblick auf die hier gegebenen Methoden die Behauptung, daß die bisher in der Praxis gebräuchlichen Formeln zwar ungenauer, aber nicht einfacher sind.

3. Schließlich sei noch darauf hingewiesen, daß für jedes regelmäßige Vieleck $[s_{2\varphi}] = [t^2_{2\tau}] = 0$ ist. Für derartige regelmäßige Polygonzüge nimmt in der strengen Lösung $k_\varkappa$ daher den Wert $\frac{2\,w_\omega}{[s] + \nu\,[t^2]}$ an, da g_γ verschwindet. Mithin wird

$$ds_m = s_m \cdot \frac{2\,w}{[s] + \nu\,[t^2]} \cos(\omega - \varphi_m)$$

$$\text{und} \quad d\beta_m = \nu\,\varrho\,t_m \frac{2\,w}{[s] + \nu\,[t^2]} \sin(\omega - \tau_m).$$

§ 58. Rechenbeispiele.

1. Die Beispiele sind Jordans Handbuch der Vermessungskunde entnommen. Die Ergebnisse stimmen überein.

2. Weitere Nebenrechnungen sind nicht erforderlich (abgesehen von der Berechnung der endgültigen Richtungen aus den endgültigen Koordinaten).

Will man diese Rechnung vermeiden, so kann man auch die Formeln 5) und 6) des § 53 benutzen. Ihnen zufolge gibt die mit r multiplizierte und um l_m verkleinerte Ordinate des Vektors $z_{\zeta - \varphi_m}$ die Verbesserung v_m, die Abszisse die Seitenverbesserung s_m.

3. Statt der Probe durch die Quadratsumme kann man auch die noch durchgreifendere Vektorprobe $(r v_\varphi)$ benutzen.

Bei der Probe durch die Quadratsumme genügt Übereinstimmung in den ganzen Einheiten.

4. Das Zeichen ⸌ ⸍ bedeutet die geometrische Summierung.

5. In Beispiel 3 sind die Rechenergebnisse bei verschiedener Ausgleichung des betr. Polygonzuges gegenübergestellt. Der Vorteil des vektoriellen Verfahrens 1 tritt dabei zutage.

Beispiel 1.

Ausgleichung eines Vorwärtsabschnitts. (

Zielpunkt Hochschule.

Nr.	Standpunkt	Gemessen φ'	Annahme (φ)	Ausgeglichen φ	$(\varphi) - \varphi'$ $= - l$
1	Steuerndieb	259° 14′ 15,1″	14,7	14,2	— 0,4
2	Ägidius	315° 2′ 32,6″	31,0	32,9	— 1,6
3	Wasserturm	20° 36′ 50,0″	46,7	49,5	— 3,3
4	Burg	149° 4′ 12,3″	14,2	12,3	+ 1,9

Probe:

(ll)
$- (vv)$
$0 = + wz \sin(\zeta - \omega)$
$17{,}2 - 1{,}1 - 16{,}4 = 0$

$dx = 3{,}3 \cos 100 = -0{,}6$ cm
$dy = 3{,}3 \sin 100 = +3{,}1$ cm

$M_z^2 = \frac{1{,}15}{2 \cdot 0{,}55}$
$M_z = \pm 1{,}04$ cm

$P = \frac{2{,}84}{4}$ (

Ausgleichung eines Rü

St

Nr.	Zielpunkt	Gemessen φ'	Annahme (φ)	Ausgeglichen φ	$(\varphi)-$ $=$
1	Schanze	24° 15′ 20,4″	20,0	18,8	—
2	Steuerndieb	79° 14′ 16,1″	14,7	15,3	—
3	Ägidius	135° 2′ 31,0″	31,0	35,0	0
4	Wasserturm	200° 36′ 49,8″	46,7	49,2	—
5	Burg	329° 4′ 6,2″	14,2	10,2	+
					+
				Mittel	(

Probe:

$ll = vv + wz \sin(\zeta - \omega)$
$73{,}8 = 30 + 9{,}6 \cdot 4{,}4 \sin 88 = 72{,}5$

$dx = 4{,}4 \cos 63 = +2{,}0$ cm
$dy = 4{,}4 \sin 63 = +3{,}8$ cm

$M_z^2 = \frac{29{,}97}{(5-3) \cdot 0{,}58}$
$M_z = \pm 5{,}2$ cm

P =

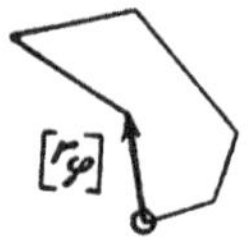

Fig. 64.

Fig. 65.

$\frac{\varrho^2}{s^2} = r^2{}_{2\,\varphi}$	$l r_\varphi$	$\varphi - \varphi' = v$	vv
$0{,}18_{158}$	$-0{,}17$	$-0{,}9$	$0{,}81$
$1{,}02_{270}$	$-1{,}62$	$+0{,}3$	$0{,}09$
$0{,}77_{41}$	$-2{,}90$	$-0{,}5$	$0{,}25$
$0{,}88_{298}$	$+1{,}78$	$0{,}0$	$0{,}0$
			$1{,}15$

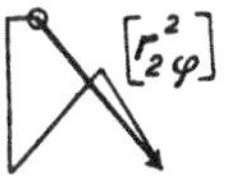

Fig. 62.

$$5{,}5_{169} = w_\omega$$

$$-2{,}9_{133} = -g w_{\gamma-\omega}$$

,55

$$\frac{3{,}5_{190-90}}{1{,}1} = 3{,}3_{100}\,\text{cm} = z\zeta$$

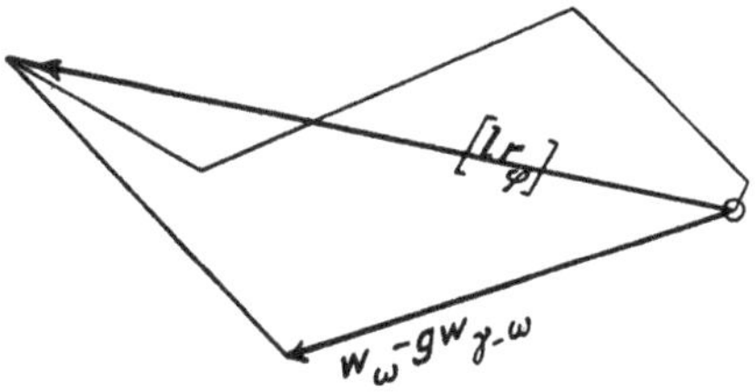

Fig. 63.

hnitts. (Fig. 64—66.)

l^2	s in km	$\frac{\varrho}{s} = r_\varphi$	$r^2{}_{2\,\varphi}$	$l r_\varphi$	$\varphi - \varphi' = v'$	$v' - \frac{(v')}{n} = v$	v^2
1,00	3,95	0,52	$0{,}27_{48}$	$-0{,}52$	$-1{,}6$	$-2{,}6$	6,80
4,00	4,91	0,42	$0{,}18_{158}$	$-0{,}84$	$-0{,}8$	$-1{,}8$	3,61
0,36	2,04	1,01	$1{,}02_{270}$	$-0{,}61$	$+4{,}0$	$+3{,}0$	9,00
13,69	2,35	0,88	$0{,}77_{42}$	$-3{,}24$	$-0{,}6$	$-1{,}6$	2,56
54,76	2,20	0,94	$0{,}88_{298}$	$+6{,}93$	$+4{,}0$	$+3{,}0$	9,00
73,81			3,12		$+5{,}0$	$-0{,}1$	29,97
	$d\delta = 0{,}6_{105}$			$w_\omega = 9{,}6_{335}$	**Mittel** 1,0	Soll 0,0	
0,49²)	$-\frac{d^2{}_2\,\delta}{n} = -0{,}07_{210}$			$-g w_{\gamma-\omega} = -4{,}7_{341}$			
	$g_\gamma = \frac{1{,}5_{316}}{3{,}05}$			$z_\zeta = \frac{5{,}5_{333+90}}{2\cdot 0{,}58} = 4{,}4_{63}\,\text{cm}$			

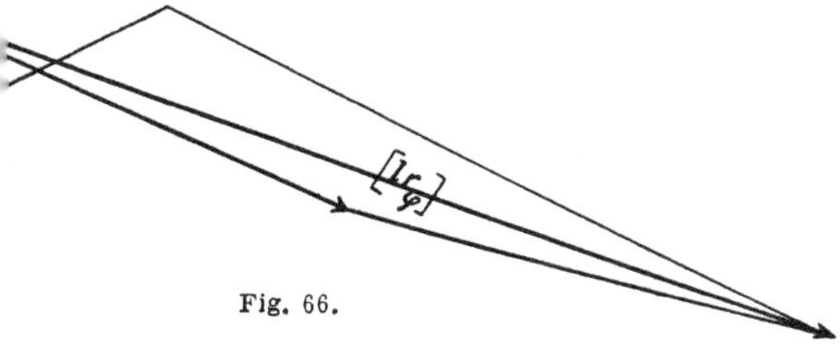

Fig. 66.

Nr.	Richtungs-winkel φ	Seite $s_{2\varphi}$	$s \sin \alpha$ +	$s \sin \alpha$ −	$s \cos \alpha$ +	$s \cos \alpha$ −	$100\,k \cdot \cos(\varkappa - \varphi)$
							$\varkappa = 46^0$
							$100\,k = 5{,}5$
1	5° 44′ 39″						
				59,49		148,09	156°
				2,8		6,8	5,5 · 0,83
2	201° 53′ 10″	$159{,}60_{44}$					
		7,3					
				131,82	32,29		238°
				3,9	—0,9		5,5 · 0,53
3	283° 45′ 47″	$135{,}72_{208}$					
		3,9					
				57,22	33,78		255°
				0,9	—0,5		5,5 · 0,26
4	300° 33′ 14″	$66{,}45_{242}$					
		1,0					
				90,15	75,09		264°
				0,6	—0,4		5,5 · 0,10
5	309° 47′ 31″	$117{,}33_{260}$					
		0,7					
				188,27		170,24	182°
				10,5		9,5	5,5 · 0,10
6	227° 52′ 48″	$253{,}83_{96}$					
		13,9					
				114,79	63,40		253°
				1,8	—1,0		5,5 · 0,29
7	298° 54′ 45″	$131{,}13_{238}$					
		2,1					
				85,43		355,08	148°
				3,5		14,3	5,5 · 0,73
8	193° 31′ 37″	$365{,}22_{26}$					
		14,7					
				48,21		219,62	146°
				2,0		8,7	5,5 · 0,72
9	192° 22′ 49″	$224{,}85_{24}$					
		8,9					
			0,00	775,38	204,56	893,03	
	98° 55′ 46″	$\frac{485_{36}}{1474} = g_\gamma$		— 775,38		— 688,47	
			Soll	— 775,65	Soll	— 688,89	
			$w_y =$	0,27	$w_x =$	0,42	

$$P = \frac{1474}{4}\left[1 - \left(\frac{485}{1474}\right)^2\right] = 328$$

$$w_\omega = 50_{33}\,\text{cm}$$

$$-\,g\,w_\gamma - \omega = -\,16{,}5_3$$

$$k_\varkappa = \frac{w'}{2P} = \frac{36_{46}}{656} = 0{,}055_{46}$$

Beispiel 3.

Ausgleichung eines Polygonzuges (Verfahren 1).

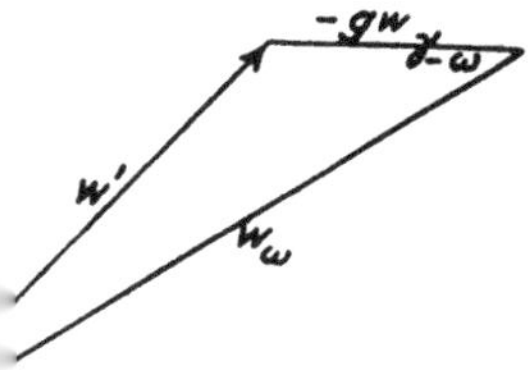

Fig. 67.

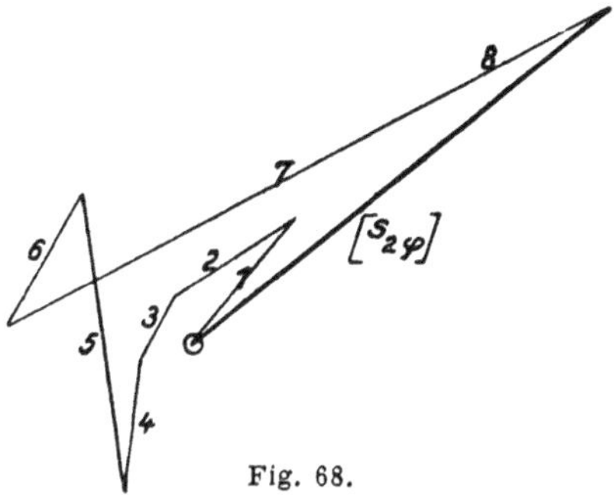

Fig. 68.

Ergebnisse verschiedener Ausgleichsverfahren für dieses Beispiel.

Punkt														
1	2		3		4		5		6		7		8	
dx	dy	dx	dy	dx	dy	dx	dy	dx	dy	dx	dy	dx	dy	dx
7,8	4,1	—0,6	1,1	—0,4	1,0	—0,5	10,4	9,2	1,3	—0,6	3,6	16,7	2,1	9,7
6,8	3,9	—0,9	0,9	—0,5	0,6	—0,4	10,5	9,5	1,8	—1,0	3,5	14,3	2,0	8,7
4,5	2,5	—3,9	1,2	—1,9	2,1	—3,3	4,6	7,2	2,4	—3,7	6,7	10,4	4,1	6,4
5,8	4,6	—1,2	2,0	—1,2	3,1	—2,9	6,6	6,7	3,9	—2,4	2,9	14,1	1,7	8,7

Erläuterung.

Koordinatenverbesserung;
ch der scharfen Ausgleichung,
ch der vektoriellen Annäherung (Verfahren 1),
ch der Ausgleichung proportional den Seiten,
» » » » » Koordinatenunterschieden.